FORSCHUNGSBERICHTE DES WIRTSCHAFTS- UND VERKEHRSMINISTERIUMS NORDRHEIN-WESTFALEN

Herausgegeben von Staatssekretär Prof. Leo Brandt

Nr. 82

Vereinigte Aluminium-Werke AG., Bonn

Forschungsarbeiten auf dem Gebiet der Veredlung von Aluminium-Oberflächen

Als Manuskript gedruckt

SPRINGER FACHMEDIEN WIESBADEN GMBH
1954

ISBN 978-3-663-03652-4   ISBN 978-3-663-04841-1 (eBook)
DOI 10.1007/978-3-663-04841-1

Forschungsberichte des Wirtschafts- und Verkehrsministeriums Nordrhein Westfalen

G l i e d e r u n g

I. Chemische Schutzschichten . . . . S. 5

II. Anodische Schutzschichten . . . . S. 5

III. Chemische Glänzverfahren . . . . S. 1o

IV. Anodische Glänzverfahren . . . . S. 19

V. Färbung von Eloxalschichten . . . . S. 32

VI. Literaturverzeichnis . . . . S. 33

Forschungsberichte des Wirtschafts- und Verkehrsministeriums Nordrhein Westfalen

Das Aluminium überzieht sich an der Luft mit einer feinen Oxydschicht von etwa 0,1 - 0,4 μ Dicke, die gegen den normalen Angriff von Atmosphärilien bereits einen guten Korrosionsschutz bietet. Für stärkere chemische, vor allem aber für mechanische Beanspruchungen reicht diese dünne Oxydhaut dagegen nicht aus. Sie muß durch eine künstliche Oxydation verstärkt werden.

I. Chemische Schutzschichten

Die auf rein chemischem Wege erzeugten Oxydschichten ergeben eine deutliche Erhöhung der Korrosionsfestigkeit. Dagegen ist die mechanische Festigkeit dieser chemisch erzeugten Schutzschichten noch schwach. Durch eine Lackierung nach der chemischen Oxydation können Korrosions-Beständigkeit und Verschleißfestigkeit merklich erhöht werden.

Unter den zahlreichen chemischen Methoden, die in der Praxis Eingang gefunden haben, wird in Deutschland schon seit langem das <u>MBV - Verfahren</u> verwendet, das mit einer chromathaltigen Sodalösung bei 95 - 100°C arbeitet und bei einer Schichtdicke von nur wenigen μ für viele Fälle einen ausreichenden Korrosionsschutz bietet.

Von den neueren Verfahren erwies sich bei der Nachprüfung das amerikanische <u>Alodine-Verfahren</u> ebenfalls als gut und vielseitig anwendbar, vor allem auch als Lackgrundlage.

Das <u>Alprox - Verfahren</u>, nach schweizer Patenten, kommt dagegen für eine Schutzschichtbildung weniger in Frage, gibt aber ebenfalls eine gute Lackgrundlage.

Die reine <u>Wasserdampfbehandlung</u> zur Erzeugung von Oxydschichten wurde eingehend untersucht. Dabei wurden bei sauberer Vorbeizung in Natronlauge günstige Korrosionsfestigkeiten festgestellt, vor allem in Hohlkörpern. Durch den Wasserdampf wird eine Oxydschicht aufgebaut, die vorwiegend aus Böhmit ($Al_2O_3 \cdot 1 H_2O$) besteht und die bereits bei geringer Dicke (ca. 0,14 μ) nach rund 20 min. Dampfbehandlung eine deutliche Schutzwirkung gegen Leitungswasser und Atmosphärilien zeigt (vergl. Abbildung 1).

II. Anodische Schutzschichten

Die rein chemischen Methoden zur Verstärkung des schützenden Oxydfilms auf der Oberfläche des Aluminiums lassen sich mit größerem Erfolg durch

Forschungsberichte des Wirtschafts- und Verkehrsministeriums Nordrhein Westfalen

elektrolytische Verfahren ersetzen, wobei der zu oxydierende Gegenstand als Anode in einem Säurebad durch den nascierenden Sauerstoff bei der Badzersetzung aufoxydiert wird.

Diese anodischen Schutzschichten, in Deutschland meist Eloxalschichten genannt, können bis zu einer Dicke von 40 - 50 μ und, bei bestimmten Konzentrationen und Temperaturen im Bade, bis zu einer Härte von 7 - 8 der Mohs'schen Härteskala gesteigert werden, liegen damit also über der Härte von Fensterglas. Mittels dieser "Eloxierung" werden Korrosionsfestigkeit und Verschleißfestigkeit von Aluminium-Flächen wesentlich erhöht, so daß überall da, wo die Anforderungen an chemische und mechanische Widerstandsfähigkeit hoch sind, "eloxiertes" Aluminium zu bevorzugen ist. Da die Eloxalschicht vorwiegend aus γ-Al_2O_3 besteht, ist sie hygienisch einwandfrei, kann also an Eß- und Küchengeräten ohne Schaden angebracht werden. Bei hoher Reinheit des Grundmetalls ist die Eloxalschicht durchsichtig und klar, so daß sie unentbehrlich ist für geglänzte Reinstaluminium-Flächen, d.h. um unter Erhaltung des Glanzes die überaus empfindlichen, frisch geglänzten Flächen zu schützen.

Zwei Eloxal-Methoden haben sich im Laufe der Jahre als Standard-Verfahren herausgearbeitet, nämlich das _Oxalsäure-Verfahren_ und das _Schwefelsäure-Verfahren_.

Das _Eloxieren in Oxalsäure_ wurde bisher zum Teil mit Wechselstrom durchgeführt als WX - Verfahren, das relativ weiche und biegsame Schichten ergibt. Die Färbung fällt je nach Eloxaldauer und Stromdichte verschieden aus, von zartem Gelbbraun (Neusilberton) bis zu lebhaftem Bronzebraun und wird wahrscheinlich durch kolloidal abgeschiedenen Kohlenstoff (aus der Oxalsäure) erzeugt. Die ebenfalls angewandte Gleichstrom-Eloxierung in Oxalsäure, das GX - Verfahren, gibt härtere, aber fast farblose Schichten. Durch Kombination beider Verfahren, durch das sogenannte "WGX - Verfahren" können harte und getönte Eloxalschichten erhalten werden. Dieses Kombinations-Verfahren wurde weiter ausgebaut und betriebsreif gemacht. Dabei wurden folgende Betriebsdaten festgelegt:

Badkonzentration   10 % Oxalsäure (kristallin)

Temperatur 20° ± 2°C

1. Wechselstrom: 10 min. bei 1,5 Amp/dm^2, 30 - 40 Volt
2. Gleichstrom : 5 min. bei 3,0 Amp/dm^2, 50 - 60 Volt

Die Behandlung mit Wechsel- und Gleichstrom kann durch einfache Umschaltung im gleichen Bade erfolgen oder auch in 2 getrennten Bädern, wobei ein Herübernehmen der WX-eloxierten Teile in das Gleichstrombad ohne Schaden stattfindet.

Wenn auch die WGX-Schichten, die normalerweise 9 - 1o μ dick sind, noch nicht die optimale Härte aufweisen, so ist doch der angenehme, schwach gelbliche Neusilberton derart ansprechend, daß heute bereits mehrere führende Geschirrfabriken nach diesem Verfahren arbeiten und mit bestem Erfolg ihre auf chemischem Wege geglänzten und WGX-eloxierten Reinstaluminium-Geschirre für Krankenhäuser, Erholungsheime, Gaststätten usw. absetzen (vergl. Abbildungen 2 und 3).

Das wichtigste Standard-Verfahren der Eloxalanstalten ist das <u>Gleichstrom-Schwefelsäure-Verfahren,</u> das sogenannte GS-Verfahren (in England Alumilite-Verfahren genannt). In Schwefelsäure verschiedener Konzentration durchführbar, erfüllt es alle Ansprüche, die jeweils an eine Eloxalschicht gestellt werden. Bei niedriger Temperatur, d.h. bei 1o - 15°C werden die GS-Schichten dichter und härter, ebenso bei niedriger Konzentration (5 - 15 % H_2SO_4); bei höherer Temperatur (25 - 35°C) oder höherer Konzentration (25 - 3o %) weicher und biegsamer.

Im allgemeinen hat sich in Deutschland eine Badkonzentration von 21,5 % = 250 g H_2SO_4/Liter eingeführt, ferner eine Stromdichte von 1,5 Amp/dm^2 und eine Temperatur von 18° ($\pm$ 2°) C.

Für diese Standardzahlen wurden einige genauere Untersuchungen durchgeführt, vor allem über die Abhängigkeit der Schichtdicke von der Eloxierungsdauer. Dabei wurden auf Reinstaluminium - Markenbezeichnung Raffinal - und seiner homogenen Mg-Legierung - Reflectal o5 - folgende Zahlen erhalten:

(s. Kurvenblatt I - Seite 9 -)   5 min =   3,- μ
                                        1o " =   4,9 "
                                        15 " =   7,4 "
                                        2o " =   9,5 "
                                        3o " = 14,2 "
                                        4o " = 18,- "

Die Schichtdicken wurden im Schliff unter dem Mikroskop ausgemessen.

in NaOH gebeizt   gebeizt u. bedampft

Abbildung 1
Normalmetall
Hohlkörper nach 6 Monaten
in Leitungswasser von 45-50°

Abbildung 2
Chemisch geglänzte und
WGX-eloxierte Geschirre
aus Reflectal o5

Abbildung 3
Chemisch geglänzte und WGX-
eloxierte Mundspülbecher in
einem Kindergarten nach
1½-jährigem Gebrauch

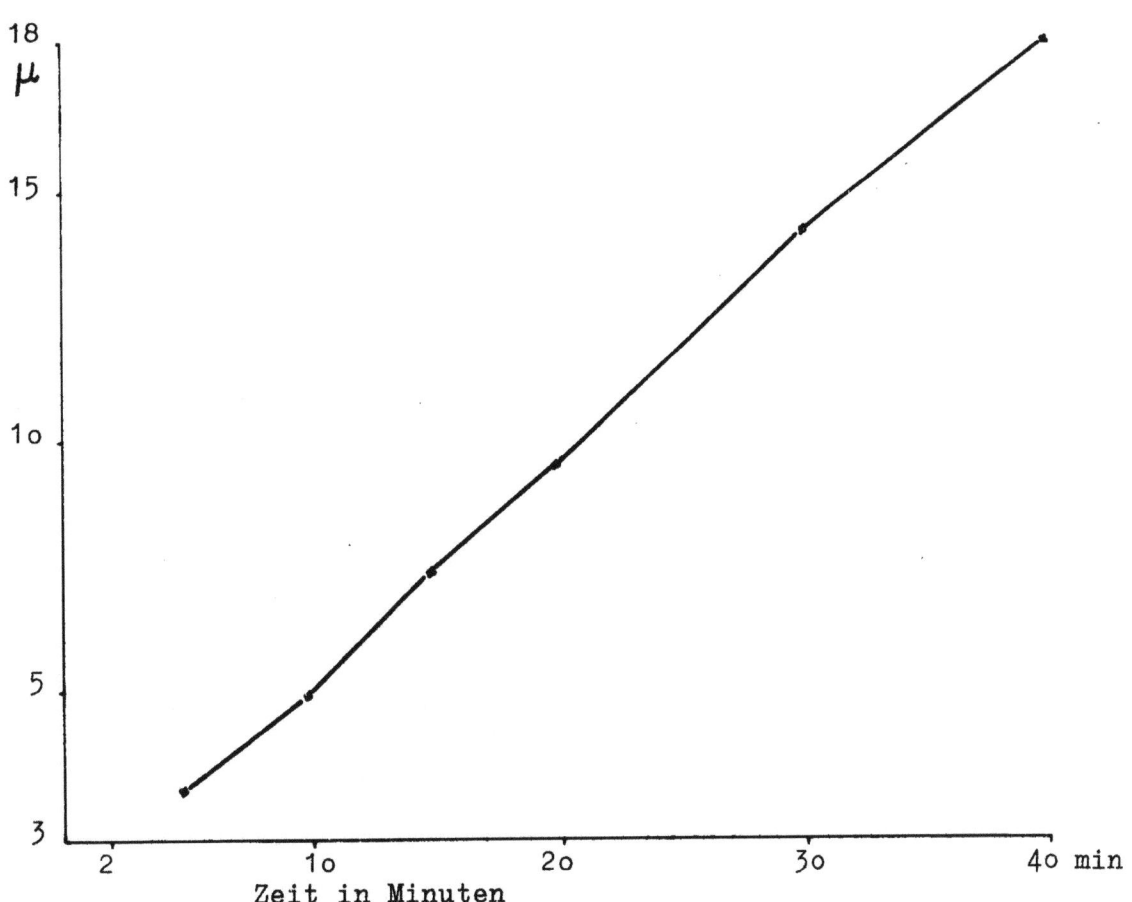

K u r v e n b l a t t I
Wachstum von GS-Schichten in Abhängigkeit von der Zeit

Härteprüfungen ergaben auf der Verschleißprüfmaschine nach Siemens-Halske[1] ein deutliches Ansteigen der spezifischen Verschleißfestigkeit mit wachsender Schichtdicke.

Ein Vergleich der Verschleißfestigkeiten beim GS- und beim WGX-Verfahren ergab, daß WGX-Schichten nur rd. 40 % der Härte gleichdicker GS-Schichten erreichen (vergl. Kurvenblatt II - Seite 10 -). Auch hier wurden die Schichtdicken unter dem Mikroskop bestimmt.

Untersuchungen über Koppelungen von Wechselstrom in Oxalsäure mit Gleichstrom in Schwefelsäure (also WX/GS) oder Eloxierungen in Schwefelsäure-Oxalsäure-Mischungen brachten keine besonderen Fortschritte.

Während diese chemischen und anodischen Schutzverfahren lediglich bezwecken, den Korrosionswiderstand und die Verschleißfestigkeit der behandelten Al-Flächen zu erhöhen, wird der visuelle Eindruck dieser Flächen

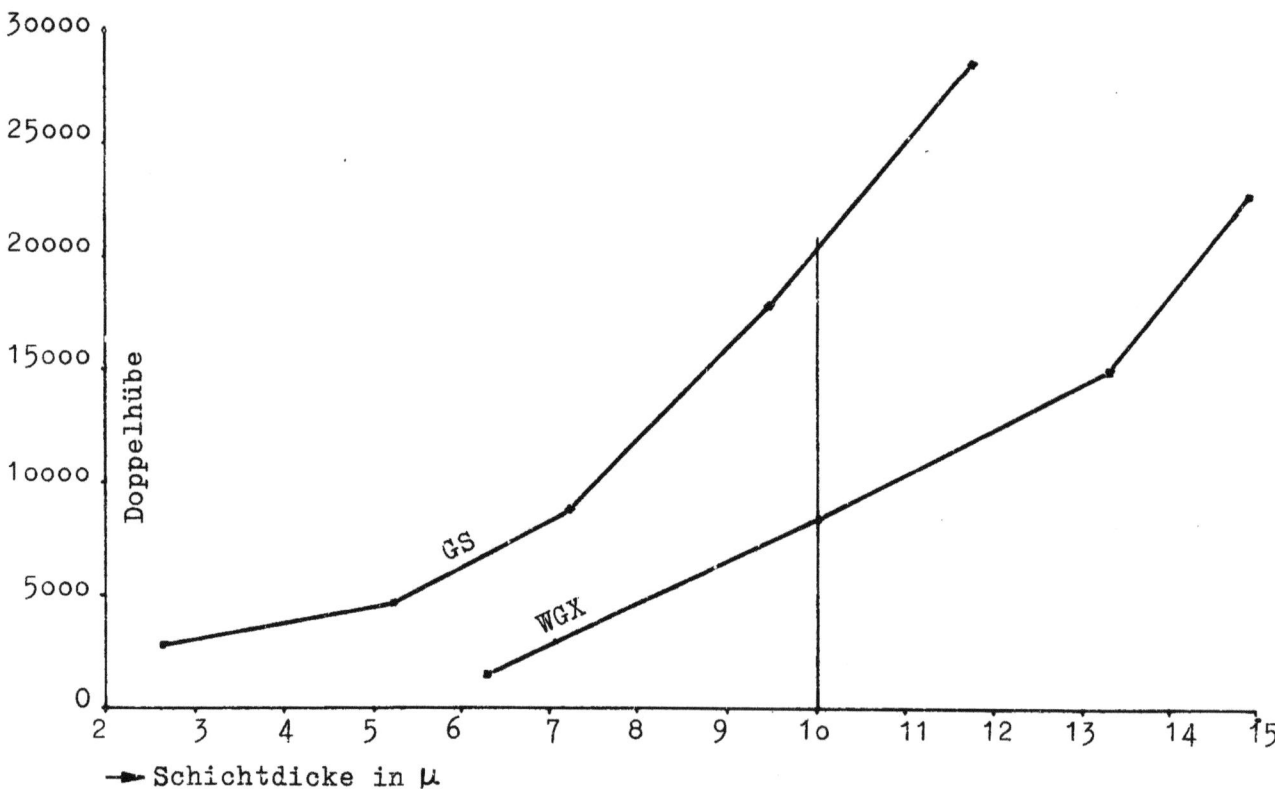

Kurvenblatt II
Spezifische Verschleißfestigkeit H/μ

kaum verbessert. Auf Normalaluminium erscheinen solche Schutzschichten meist weißlich bis graugetönt, je nach Reinheitsgrad des Metalls; auf Al-Legierungen oft auch graugrünlich bis bräunlich, entsprechend den Legierungszusätzen. Will man jedoch den aesthetischen Eindruck, d.h. die Brillanz der Aluminiumfläche erhöhen, so muß man, im Gegenteil, durch geeignete Verfahren die natürlichen, matten Schutzschichten des Aluminiums entfernen, so daß das oxydfreie, blanke Metall zu Tage tritt. Alsdann kann eine farblos durchsichtige Eloxalschicht zur Erhaltung des Glanzes aufgetragen werden.

III. Chemische Glänzverfahren

Für die Oxydentfernung und die gleichzeitige Einebnung (Glättung) von Oberflächenrauhigkeiten stehen nur wenige brauchbare, chemische Glänzverfahren zur Verfügung.

Bei diesen meist sauren Bädern wird das Aluminium wie bei einer Beizung lebhaft angegriffen. Die Heftigkeit der Reaktion wird meist durch erhöhte Badtemperaturen noch gesteigert.

Dabei bildet sich auf der Metalloberfläche aus den Zersetzungsprodukten eine schwache Passivierungsschicht, die anscheinend in den Vertiefungen, z.B. in den mikroskopisch feinen Polierrillen, wirksamer ist als auf den Erhebungen. Dadurch entsteht eine "differenzielle" Abtragung^2 (s. Abb. 4). Zur Erzeugung solcher lebhaften Beizwirkung ist noch die Gegenwart geringer Schwermetallmengen (z.B. Kupfer, Blei u.a.m.) notwendig, die, in feinster Verteilung auf der Aluminiumfläche metallisch abgeschieden, eine große Zahl von Lokalelementen bilden und eine hohe Korrosionsstromdichte erzeugen. Als oxydierende Depolarisation finden meist Nitrate oder Nitrite Verwendung.

Es handelt sich also bei diesem sog. "chemischen" Glänzen um einen "elektrochemischen" Vorgang, wobei die fehlende äußere Stromzufuhr durch die "innere" Stromquelle der Lokalelemente ersetzt wird.

Durch die Abtragung des oxydischen Films und aller Unreinheiten der Oberfläche bei diesem Prozeß wird der "Glanz" erzeugt, durch die einebnende Wirkung die "Glätte", so daß ein "Spiegelglanz" erreicht wird. Beide Effekte sind vorwiegend von der Qualität des Metalls abhängig und erreichen ihre höchsten Werte bei Reinstaluminium und seinen homogenen Mg-Legierungen.

Speziell für dieses hochreine Aluminium mit 99,99 % Al, und für seine homogenen Mg-Legierungen wurde von den VAW - Grevenbroich ein neues chemisches Tauchverfahren entwickelt, das sogenannte <u>Erftwerk - Glänzverfahren</u> (DBP 835 821). Dieses Glänzbad arbeitet mit Ammonbifluorid, in verdünnter Salpetersäure gelöst. Es zeichnet sich durch leichte Handhabung und große Wirtschaftlichkeit aus. Die vorgeschliffenen und notfalls auch schwach vorpolierten Reinstaluminium-Teile werden 10-40 sec. in das 50-70° heiße Glänzbad getaucht, bei lebhafter Wasserstoffentwicklung geglänzt und anschließend in fließendem Wasser gespült. Die dabei abgetragene Metallmenge beträgt je nach Vorbehandlung und Glänzdauer 10 - 25 μ, entsprechend 27 - 68 g/m^2.

Der Glänzeffekt ist bei Raffinal sowie bei Reflectal etwa gleich hoch und hat in der Praxis bereits weitgehende Anwendung gefunden. In Kombination

Einfluß der Glänzdauer auf den Einebnungseffekt

Glänzdauer:		Glänzdauer:
0 sec		0 min
20 sec		30 min
50 sec		45 min
70 sec		

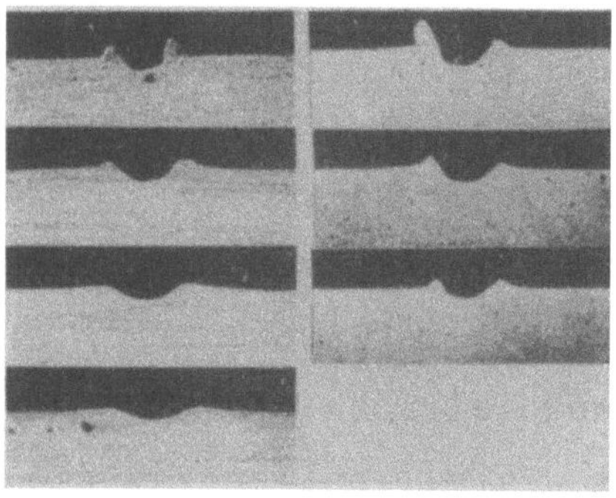

Beim chemischen Glänzen nach dem EW-Verfahren

Beim anodischen Glänzen

Abbildung 4
Einfluß der Glänzdauer auf den Einebnungseffekt

Abbildung 5
Glanzeloxierte Kühlerfiguren und Zierleiste aus Reflectal 2

Abbildung 6
Chemisch geglänzte und GS-eloxierte Reflektoren (Tiefstrahler)

mit einer nachfolgenden anodischen Oxydation (zum Schutz des Glanzes) werden nach diesem Verfahren bereits große Mengen von Beschlagteilen für die Autoindustrie[3] (s. Abb. 5), von Reflektoren für das Beleuchtungswesen[4] (s. Abb. 6 und 7), Geschirre für Krankenhäuser und Gaststätten[5] (s. Abb. 2 und 3) und endlich auch Schmuckwaren hergestellt[6] (s. Abb. 8 und 9).

Das Erftwerk - Glänzverfahren hat bereits eine spürbare Einsparung an Nickel und Chrom gebracht, die sich noch weiter erhöhen wird.

Ein zweites chemisches Glänzverfahren, das sogenannte Alupol - Verfahren des Schweizers Vernet, wurde gleichfalls eingehend untersucht, d.h. sein Glänzeffekt bei verschiedenen Aluminium-Qualitäten erfaßt und seine Ergiebigkeit und Wirtschaftlichkeit nachgeprüft. Es arbeitet mit einem Gemisch konzentrierter, chemisch reiner Säuren bei etwa $100°C$. Da diese Säuren teuer sind und die Ergiebigkeit des Bades relativ gering ist, kommen die Glänzkosten pro m^2 Oberfläche wesentlich höher als beim Erftwerk-Glänzverfahren.

Das Anwendungsgebiet dieses Alupol-Verfahrens wird zumeist bei 99,5 - 99,9 % Al, also außerhalb des Reinstaluminium-Gebietes liegen, wo es dem Erftwerk-Verfahren im Glänzeffekt überlegen ist.

Zur zahlenmäßigen Erfassung des Glänz- und Glättungseffektes wurden auf der zweischenkligen optischen Siemens-Bank nach ELZE und GRÜSS[7] (s.Abb. 10) Reflexionsmessungen an ebenen Probeblechen durchgeführt. Bei diesen Messungen wurde scharf unterschieden zwischen der geometrisch-gerichteten Reflexion (dem sogenannten Spiegelwert) und der Gesamtreflexion (d.h. Spiegelwert + Diffusreflexion). Die gefundenen Reflexionswerte wurden auf einen aufgedampften Standard-Silberspiegel mit 97/98 % absol. Reflexion (Superflex v. Heraeus) bezogen.

Die Gesamt-Reflexion ist, soweit die Oberflächen frei sind von Fettschichten, Flecken oder Passivierungsschichten, vorwiegend eine Materialkonstante, also neben der Al-Qualität nur von der Dicke der Eloxalschicht abhängig. Die gerichtete Reflexion ist darüber hinaus noch abhängig von der Vorpolitur, dem Glättungseffekt und der Aufrauhung der Metalloberfläche durch das GS-Eloxieren.

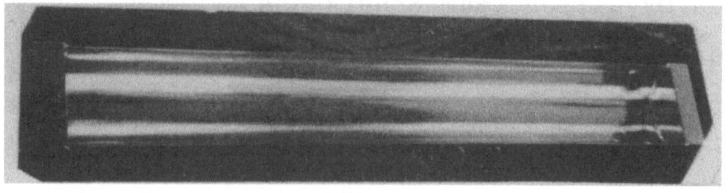

Abbildung 7
Glanzeloxierter Reflektor für Langfeldleuchte

Abbildung 8
Glanzeloxiertes und goldähnlich eingefärbtes Armband aus Raffinal

Abbildung 9
Glanzeloxierte und goldähnlich eingefärbte Kette aus Raffinal

Abbildung 1o
Zweischenklige optische Meßbrücke nach Siemens

Die Reflexionswerte der Zahlentafel in Abbildung 11 zeigen deutlich die Überlegenheit des Alupol-Glänzverfahrens gegenüber dem Erftwerk-Glänzverfahren bei niedrigen Qualitäten, während bei Reflectal das Erftwerk-Verfahren höhere Werte ergibt.

Das starke Absinken der Reflexionswerte der niedrigen Al-Qualitäten bei steigender Schichtdicke ist auf die höhere Absorption in den Eloxalschichten zurückzuführen, wo durch eingebaute Metallide, wie Mg_2Si, $FeAl_3$ u.a.m. eine starke Trübung der Eloxalschichten eintritt, die bei Reinstmetall nicht stattfindet[4] (s. Abb. 12). Da aber zur Korrosionsfestigkeit für niedere Al-Qualitäten unbedingt eine dicke Eloxalschicht notwendig ist, z.B. für 99,5 % Al etwa 10 μ (s. Abb. 13a und b), muß man beim Eloxieren von Al-Qualitäten unter 99,9 % mit starken Glänzverlusten rechnen.

Wie hoch die Glänzverluste bei steigender Eloxalschichtdicke sind, zeigt die folgende Tabelle mit der Gegenüberstellung von Reflexionswerten für Reflectal 05, nach dem Erftwerk-Verfahren geglänzt, und 99,5 % Al nach Alupol geglänzt, bei steigenden Eloxalschichtdicken (s. Kurvenblatt III - Seite 18 -):

	99,57 % Al			99,98 % Al + 0,4 % Mg		
	gerichtete	gesamte		gerichtete	gesamte	
	Reflexion			Reflexion		
0,2 μ	74,5 %	84,6 %	0,5 μ	(79,1 %)	(84,4 %)	irisiert
2,3 μ	53,8 %	81,5 %	2,6 μ	78,6 %	86,7 %	
4,1 μ	48,0 %	79,7 %	4,1 μ	75,7 %	86,7 %	
6,0 μ	44,1 %	77,4 %	7,4 μ	73,3 %	86,5 %	
8,1 μ	40,4 %	75,0 %	9,6 μ	72,3 %	86,3 %	
10,7 μ	36,9 %	71,2 %	13,7 μ	71,8 %	86,3 %	

Werkstoff	Glänzverfahren: Alupol IV (3 min 95—98° C)				Erftwerk (12 s 54—56° C)		
	Eloxal-schichtdicke i. µ	Metall-verlust i. g/m²	Reflexion Gesamt	Reflexion Gerichtet gegen Ag-Spiegel	Metall-verlust i. g/m²	Reflexion Gesamt	Reflexion Gerichtet gegen Ag-Spiegel
Al 99,5	ohne	26	90,0	83,6	64	63,1	12,0
Al 99,5	2	26	79,0	61,0	64	55,8	9,0
Al 99,5	5	26	75,2	53,0	64	49,0	6,0
Al 99,5	10	26	66,7	41,0	64	38,7	4,5
Al 99,5	15	26	59,0	31,0	64	35,9	4,0
Al 99,8	ohne	29	90,0	84,3	71	82,0	36,0
Al 99,8	2	29	82,8	73,0	71	77,2	34,0
Al 99,8	5	29	81,4	67,0	71	74,7	30,0
Al 99,8	10	29	79,5	58,0	71	73,3	26,5
Al 99,8	15	29	77,1	53,0	71	71,8	22,5
Al 99,99	ohne	18	90,7	85,4	61	90,8	88,0
+ 0,5% Mg	2	18	85,4	80,8	61	86,4	82,5
+ 0,5% Mg	5	18	85,0	79,0	61	86,4	81,1
+ 0,5% Mg	10	18	84,7	75,4	61	86,2	78,8
+ 0,5% Mg	15	18	84,5	74,0	61	86,2	76,8
Al 99,99	ohne	31	91,3	87,4	67	91,3	87,0
+ 2% Mg	2	31	85,9	79,1	67	86,4	79,5
+ 2% Mg	5	31	85,4	71,8	67	85,9	77,5
+ 2% Mg	10	31	84,0	68,6	67	85,7	76,0
+ 2% Mg	15	31	82,5	66,5	67	85,0	71,5

A b b i l d u n g 11
Einfluß der Eloxalschichtdicke auf das Reflexions-
vermögen chemisch geglätte-
ter Proben

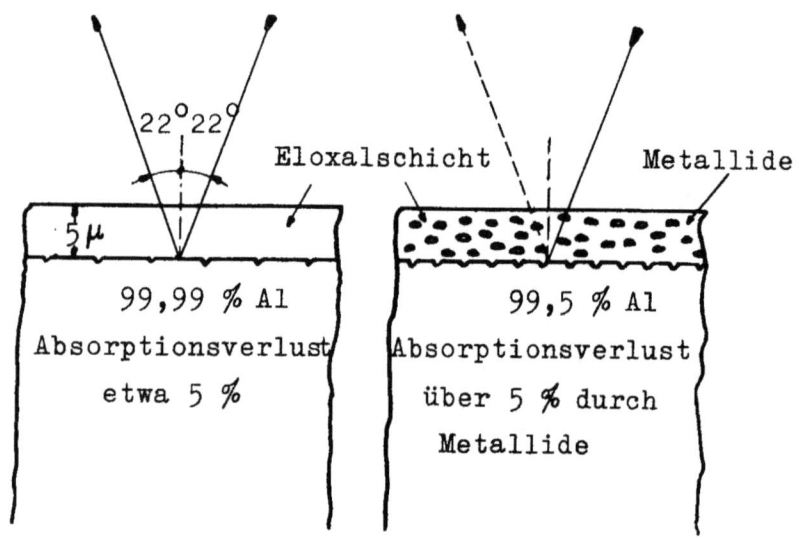

A b b i l d u n g 12
Trübung der Eloxalschicht
durch eingebaute Metallide
bei 99,5 % Al

Reflexion eines Lichtstrahls an ebenen Blechen
auf der optischen Bank

0 μ   2 μ   5 μ   10 μ

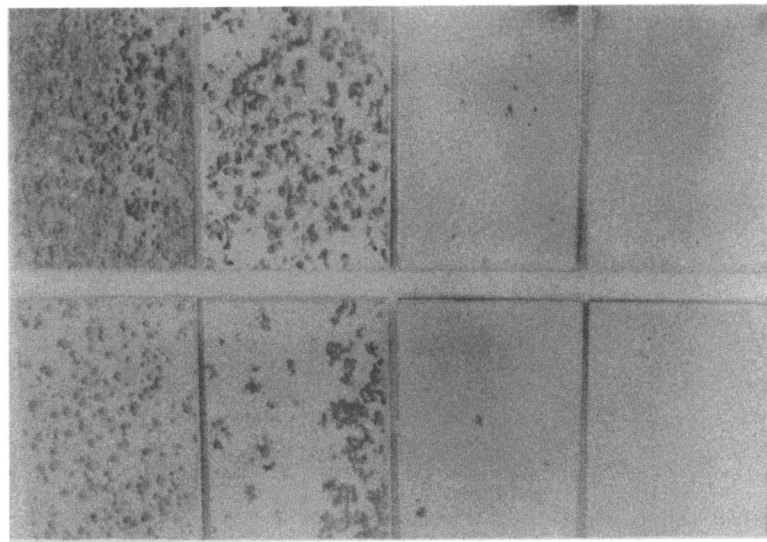

99,5 % Al

99,8 % Al

A b b i l d u n g   13 a

0 μ   2 μ   5 μ   10 μ

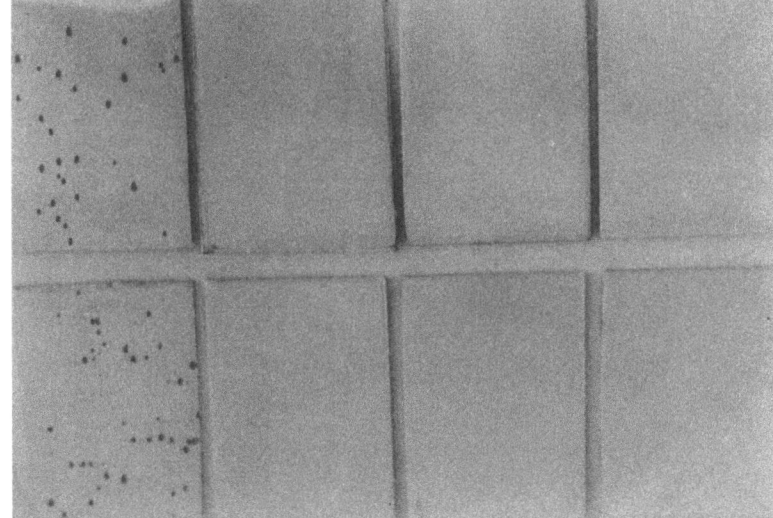

Reflectal o5

Reflectal 2

A b b i l d u n g   13 b

In essigs. oxydischer Kochsalzlösung korrodierte Al-Bleche verschiedener Reinheitsgrade und Eloxalschichtdicken

Forschungsberichte des Wirtschafts- und Verkehrsministeriums Nordrhein Westfalen

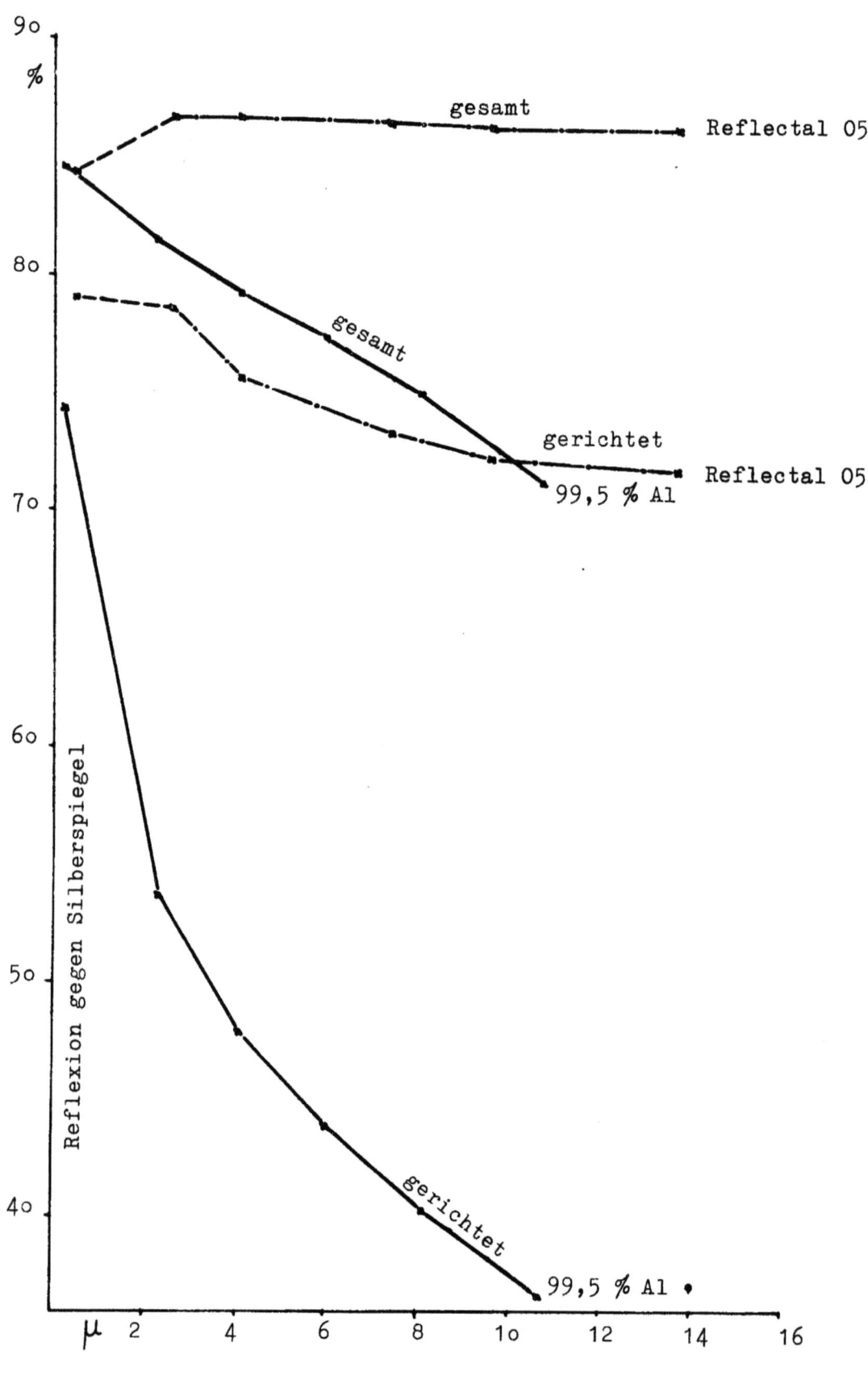

K u r v e n b l a t t   III

Reflexionswerte für: 99,5 % Al (Alupol-geglänzt)
99,99 % + 0,5 % Mg (Erftwerk-geglänzt) bei steigender Eloxalschichtdicke

IV. Anodische Glänzverfahren

Der Prozeß des Glättens beim anodischen Glänzen (auch anodisches Polieren genannt) unterscheidet sich nicht wesentlich von dem des chemischen Glänzens. Die Entfernung der von der mechanischen Politur noch zurückgebliebenen Fettbestandteile und des stets vorhandenen Oxydfilms findet im Glänzbad selbst ohne Stromschluß innerhalb von 5 - 15 sec. statt, ähnlich wie im chemischen Glänzbad. Während aber beim "chemischen" Glänzen der Angriff auf die nunmehr "reine" Aluminiumfläche laufend weitergeht und sich mit zunehmender Erhitzung des Objekts (durch die freiwerdende Reaktionswärme) allmählich steigert, tritt beim "anodischen" Glänzen beim Schließen des Stromes in wenigen Sekunden ein Aufhören der lebhaften Gasentwicklung der Vorbeizperiode ein. Gleichzeitig steigt die Spannung bei fallender Stromstärke langsam an, wobei letztere allmählich konstant wird. In dieser Periode, d.h. vom Zeitpunkt der fallenden Ampèrezahl an, findet die eigentliche Glättung statt.

Nach der Theorie von K. HUBER[8] überzieht sich dabei das als Anode geschaltete Aluminium mit einem sehr dünnen Film, der sogenannten Passivierungsschicht (0,01 - 0,001 μ). Hinter dieser Schicht findet die differentielle Metallabtragung statt, da anscheinend dieser Film über den Erhebungen dünner ist als über den Tälern, außerdem sich in den Mulden Reaktionsprodukte anhäufen, die den Abtragungsprozeß bremsen. Ob es sich bei dieser Passivierungsschicht um eine ausgesprochen "semipermeable" Schicht handelt oder ob diese Schicht in dauernder Wechselwirkung von Neubildung und Wiederauflösung steht, dabei reaktionsmäßig die Höhen und Tiefen nivellierend, konnte bei der Feinheit des Films noch nicht einwandfrei geklärt werden. Jedenfalls zeigt nach Konstantwerden der Stromstärke die anodisch behandelte Al-Fläche einen Spiegelglanz, der umso höher liegt, je größer der Reinheitsgrad des Metalls ist, am höchsten also bei 99,99 % Al. Natürlich bedürfen solche anodisch geglänzten Flächen, genau so wie die chemisch geglänzten, einer anodischen Oxydation mit einer farblosen, durchsichtigen Eloxalschicht, um den Glanzwert zu erhalten, da erst die widerstandsfähige "glanzeloxierte" Al-Fläche wirtschaftliche Bedeutung hat.

Von den zahlreichen anodischen Glänzmethoden wurde das "alkalische VAW-Glänzverfahren" (DBP 763 172) in breitem Rahmen durchforscht.

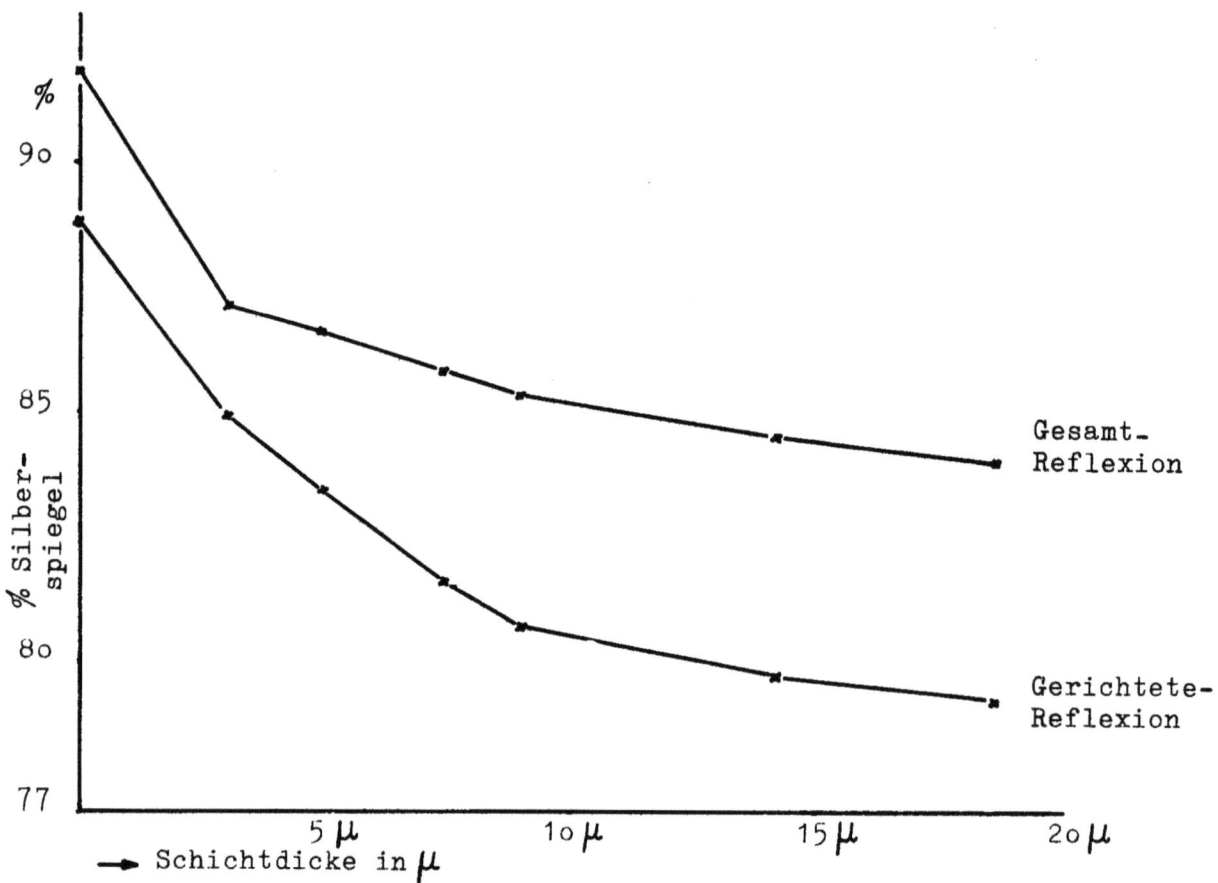

Kurvenblatt IV
Raffinal-Reflexionswerte in Abhängigkeit von der
Dicke der Eloxalschichten

Dieses Verfahren arbeitet mit einer Lösung von 10 % Natriumsulfat und 1 % Ätznatron bei etwa 90°C, mit einer Stromdichte von anfangs 10 Amp, auf 3,5 fallend, einer Spannung von 10 - 13 Volt und einem Zeitaufwand von 9 - 10 min. Da der Glänzeffekt stark mit fallender Metallqualität absinkt und durch Mg-Gehalte gestört wird, ist das Verfahren vorwiegend für Raffinal bestimmt. Der Abtragungsverlust liegt zwischen 9 und 10 μ.

Folgende Tabelle zeigt die Abhängigkeit der Reflexionswerte bei VAW-geglänztem Raffinal von der Eloxalschichtdicke[4], die jeweils unter dem Mikroskop gemessen wurde (s. auch Kurvenblatt IV).

Forschungsberichte des Wirtschafts- und Verkehrsministeriums Nordrhein Westfalen

Zeit	Schichtdicke	Ges.-Reflexion	gerichtete Refl.
0 min.	0 μ	91,8 %	88,8 %
5 min.	3,0 μ	87,1 %	84,9 %
10 min.	4,9 μ	86,6 %	83,4 %
15 min.	7,4 μ	85,8 %	81,6 %
20 min.	9,0 μ	85,3 %	80,7 %
30 min.	14,2 μ	84,5 %	79,7 %
40 min.	18,7 μ	84,- %	79,2 %

Wie das Kurvenblatt IV zeigt, fallen sowohl Gesamt-Reflexion wie auch die gerichtete Reflexion bei zunehmender Dicke der Eloxalschicht. Bei dem hohen Reinheitsgrad des Raffinals ist dieses Gefälle bei der Gesamtreflexion nur auf zunehmende Absorption in der Eloxalschicht zurückzuführen, bei der gerichteten Reflexion zusätzlich noch auf die Störung der Oberflächenglätte durch den Angriff auf das Kristallgefüge beim Eloxieren.

Zur Erläuterung der Abhängigkeit des anodischen Glänzeffekts von der jeweiligen Metallqualität wurden Probebleche verschiedener Reinheitsgrade gleichmäßig 10 min. anodisch geglänzt und mit 5 μ GS-Schicht eloxiert[4].

Bei dieser Versuchsreihe wurde auch <u>vor</u> dem Eloxieren gemessen, um den jeweiligen Reflexionsverlust der verschiedenen Qualitäten beim Eloxieren zu erfassen.

Folgende Tabelle zeigt die gefundenen Werte (vergl. auch Kurvenblatt V - Seite 22 -).

Al	vor Eloxierung		nach Eloxierung	
	gesamte Reflexion	gerichtete Reflexion	gesamte Reflexion	gerichtete Reflexion
99,987 %	91,8 %	88,8 %	86,6 %	83,4 %
99,854 %	90,9 %	79,6 %	84,4 %	69,- %
99,839 %	90,4 %	79,1 %	84,- %	67,6 %
99,744 %	89,5 %	75,8 %	81,8 %	61,4 %
99,737 %	89,3 %	75,3 %	81,4 %	61,- %
99,706 %	88,2 %	73,1 %	80,- %	59,1 %

Die Reflexionen fallen gleichmäßig mit abnehmender Metallqualität, wobei der stärkere Abfall der eloxierten Proben gegenüber den <u>nicht</u> eloxierten

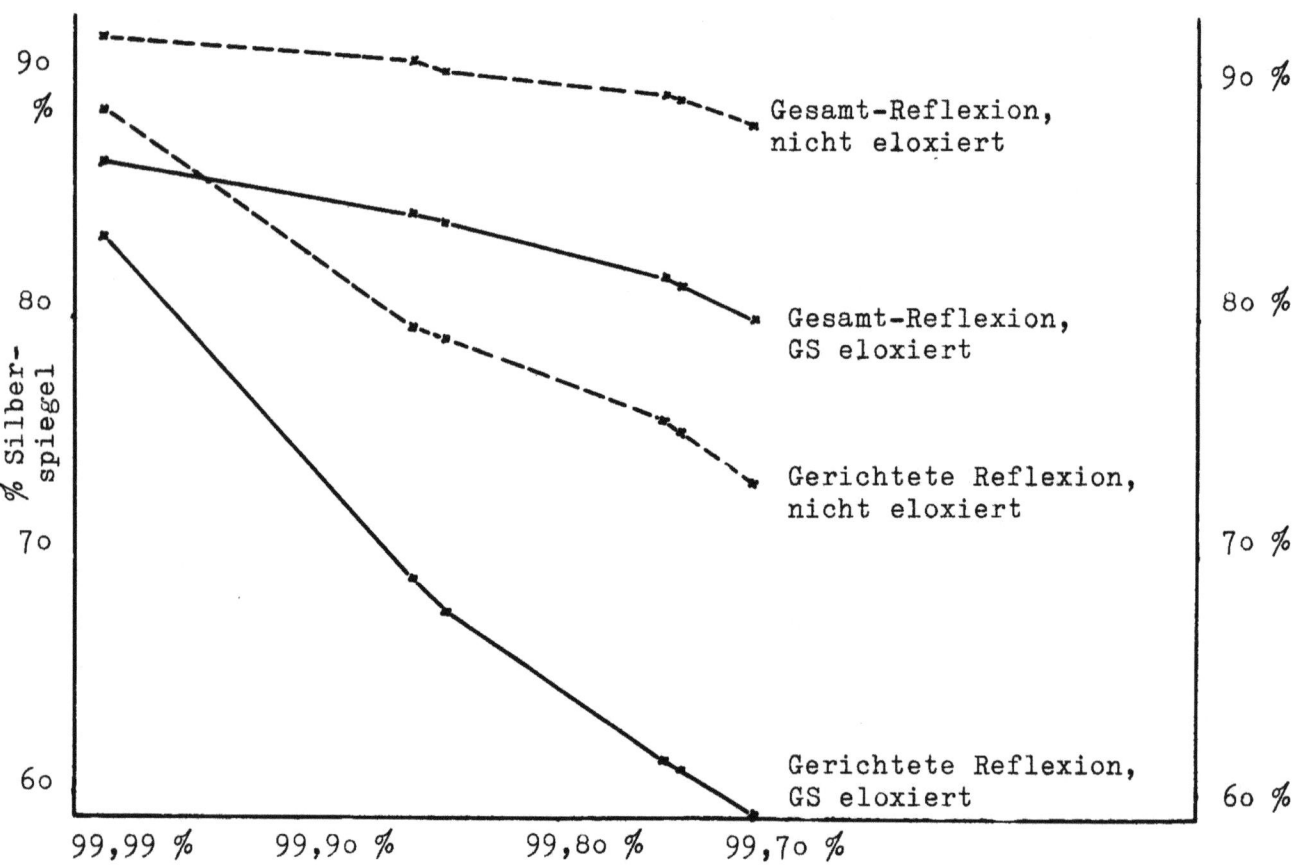

Kurvenblatt V
Reflexionswerte in Abhängigkeit von der Metallqualität

vorwiegend auf die schon früher erwähnte Trübung durch in die Eloxalschicht eingebaute Metallide zurückzuführen ist (vergl. Abb. 12). Es gilt auch hier das gleiche wie beim chemischen Glänzen, daß bei niedrigen Qualitäten mit der benötigten dicken Eloxalschicht auch mit großen Reflexionsverlusten zu rechnen ist. Das bedeutet, daß beispielsweise für die Reflektoren-Industrie nur Raffinal und Reflectal in Frage kommen, bei denen bereits eine 5 μ -Eloxalschicht einen ausreichenden Korrosionsschutz gewährt, wobei diese 5 μ auch nur etwa 5 % Reflexionsverlust gegenüber dem geglänzten, aber nicht eloxierten Metall ergeben. Dagegen beträgt bei 99,7 %igem Al der Verlust bereits 8 % der Gesamtreflexion und 14 % der gerichteten Reflexion.

Nachfolgende Abbildungen zeigen den Einebnungseffekt des chemischen Glänzens nach dem Erftwerk-Verfahren. Die Panphot-Aufnahmen 1000 : 1 (Abb. 14

Forschungsberichte des Wirtschafts- und Verkehrsministeriums Nordrhein Westfalen

bis 16) zeigen bei Abbildung 14 die feinen Rillen der mechanischen Vorpolitur; bei Abbildung 15 die Einebnung nach dem chemischen Glänzen (5 GS-eloxiert), wobei infolge des lebhaften chemischen Angriffs die Kristallkorngrenzen sichtbar geworden sind. Trotzdem liegt die gerichtete Reflexion mit 81,6 % günstig. Offenbar geben die einzelnen, hochwertig geglänzten Kornflächen, facettenartig zusammenwirkend, eine hohe Spiegelreflexion. Die anodisch (nach VAW) geglänzte Fläche in Abbildung 16 mit 84 % gerichteter Reflexion erscheint optisch leer.

Die dazugehörigen Interferenzstreifen - Aufnahmen nach TOLANSKY - (100:1 in Abb. 17 bis 19) zeigen durch ihre Parallelität der Interferenzlinien noch besser die jeweilige Glätte der Oberfläche[9]. Abbildung 17 mit den feingestrichelten, fast parallelen Linien deutet auf gute Vorpolitur hin. In Abbildung 18 sind die Interferenzlinien durch die Korngrenzenätzung stark abgelenkt. Abbildung 19 mit seinen relativ glatten und parallelen Streifen läßt auf gute Glättung schließen.

Die elektronenmikroskopischen Aufnahmen in Abbildung 20 bis 24 geben den Vorgang der Glättung beim chemischen Glänzen noch etwas deutlicher wieder[10,11]. Abbildung 20 zeigt das Ausgangsmaterial, Reflectal 05, nach einer Ätzung mit Mischsäure. Das Relief läßt scharfkantige Würfel erkennen. Die nächsten beiden Aufnahmen (Abb. 21 und 22) bringen den Glättungsprozeß beim Erftwerk-Glänzverfahren, der in Abbildung 21 schon nach 7,5 sec. die Abrundung der Würfelecken und -Kanten, nach 15 sec. bereits eine ebene Fläche (Abb. 22) nur noch mit einer gewissen Narbigkeit aufweist.

Ein ähnliches Bild ergibt sich beim chemischen Glänzen nach dem Alupol-Verfahren (Abb. 23 und 24). Hier ist der Abtragungsprozeß merklich langsamer, so daß erst nach 18 sec. eine deutliche Abrundung an Ecken und Kanten zu erkennen ist. Auch nach 45 sec. ist der Nivellierungsprozeß noch nicht beendet. Erst nach 180 sec. war eine befriedigende Glättung erreicht.

Offenbar ist beim Erftwerk - Glänzverfahren die abtragende Beizwirkung wesentlich größer als bei Alupol, womit sich auch der geringere Zeitaufwand beim Erftwerk-Verfahren erklärt.

Daß das an sich hochwertige, anodische VAW - Glänzverfahren keine größere Verbreitung in der Industrie gefunden hat, ist auf seine Beschränkung auf Mg-freies Reinstaluminium zurückzuführen. Reflectal 05 zeigt bereits

Forschungsberichte des Wirtschafts- und Verkehrsministeriums Nordrhein Westfalen

Panphot - Aufnahmen

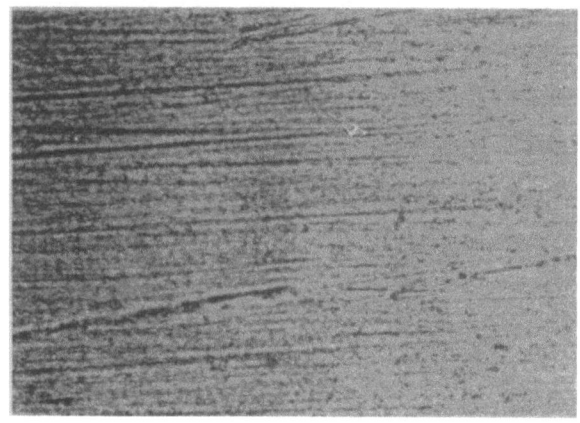

1ooo : 1

Abbildung 14
Mechanisch polierte
Raffinal-Oberfläche
(47,6 % gerichtete Reflexion)

1ooo : 1

Abbildung 15
Chemisch geglänzte
Raffinal-Oberfläche
(81,6 % gerichtete Reflexion)

1ooo : 1

Abbildung 16
Anodisch geglänzte
Raffinal-Oberfläche
(84,o % gerichtete Reflexion)

Forschungsberichte des Wirtschafts- und Verkehrsministeriums Nordrhein Westfalen

Interferenzstreifen - Aufnahmen

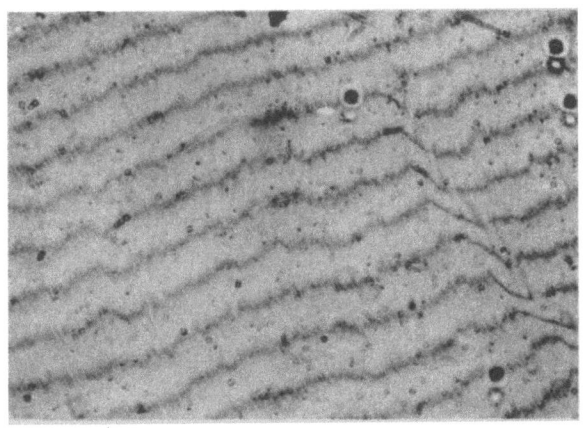

100 : 1

A b b i l d u n g 17
TOLANSKY - Aufnahme zu Abb. 14
(mech. poliert)
(47,6 % gerichtete Reflexion)

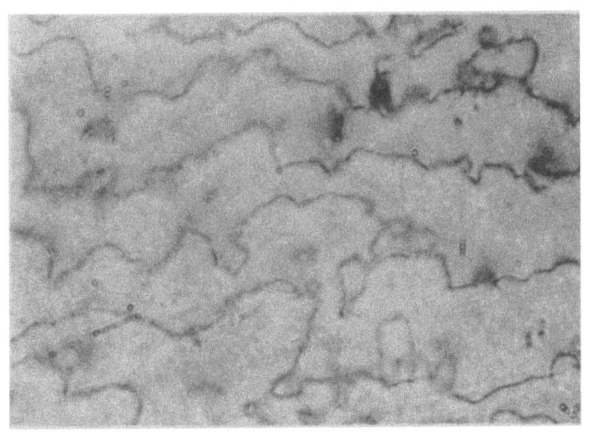

100 : 1

A b b i l d u n g 18
TOLANSKY - Aufnahme zu Abb. 15
(chem. geglänzt)
(81,6 % gerichtete Reflexion)

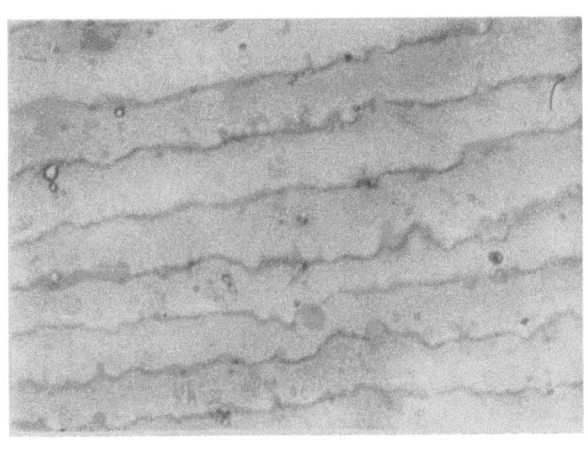

100 : 1

A b b i l d u n g 19
TOLANSKY - Aufnahme zu Abb. 16
(anod. geglänzt)
(84,- % gerichtete Reflexion)

Forschungsberichte des Wirtschafts- und Verkehrsministeriums Nordrhein Westfalen

Elektronenmikroskopische Aufnahmen

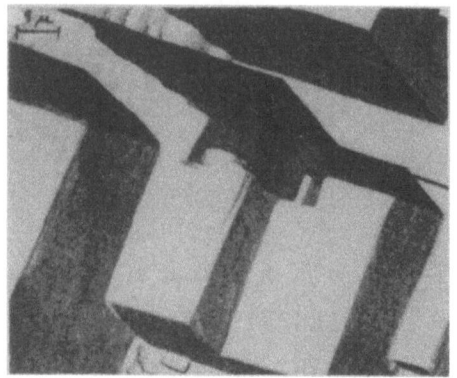

5000 : 1

Abbildung 20
Reflectal o5
in Mischsäure geätzt

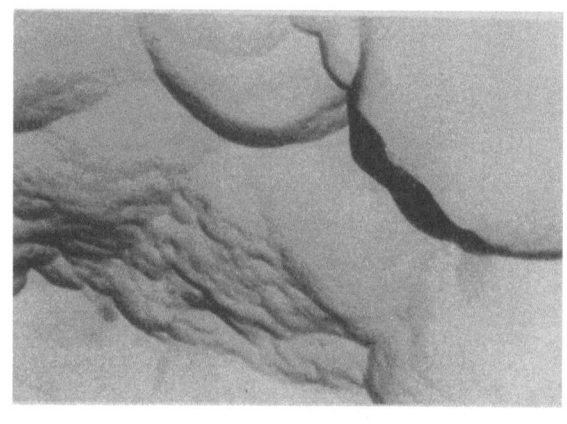

6400 : 1

Abbildung 21
Reflectal o5
7,5 sec. chem. geglänzt
nach Erftwerk-Verfahren

6000 : 1

Abbildung 22
Reflectal o5
15 sec. chem. geglänzt
nach Erftwerk-Verfahren

Elektronenmikroskopische Aufnahmen

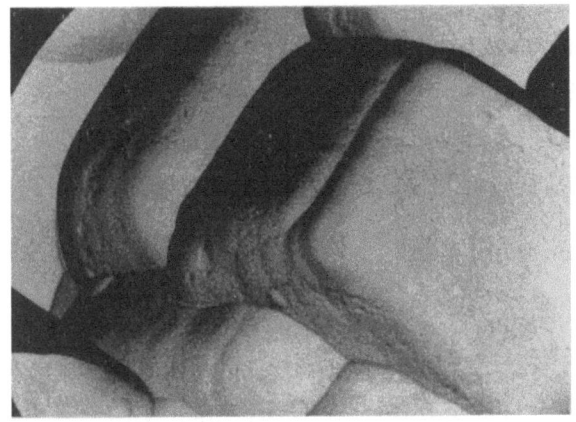

6000 : 1

Abbildung 23
Reflectal o5
18 sec. chemisch geglänzt
nach Alupol - Verfahren

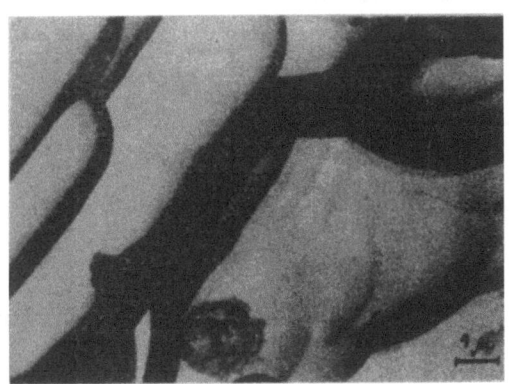

6000 : 1

Abbildung 24
Reflectal o5
45 sec. chemisch geglänzt
nach Alupol - Verfahren

"pittings" und Flecken, Reflectal 2 ließ sich nach dieser Methode überhaupt nicht glänzen. Auch das Bad selbst ist sehr empfindlich gegen Abweichungen der Temperatur und der Konzentration. Dabei muß die zu glänzende Fläche stets absolut sauber sein, da sonst trotz Vorbeizung im Bad Flecken- und Pickelbildung eintritt.

Als wesentlich unempfindlicher und darum zuverlässiger erwies sich ein gleichfalls alkalisches Glänzbad nach dem englischen Brytal-Verfahren (Br.P. 449 162 - DBP 661 266). Dieses Bad, von dem der Erfinder N.D. PULLEN bereits 1936 berichtete[12], arbeitet mit einer Lösung von

$$15 \% \text{ Natriumkarbonat (anhydr.)}$$
$$+ \ 5 \% \text{ Trinatriumphosphat (anhydr.)}.$$

Dieses Verfahren arbeitet bei 85 - 95°, erfordert aber mehr Zeit als das VAW - Glänzverfahren, nämlich 20 - 30 min. gegen 10 min. bei VAW (s. Abbildung 4). Trotzdem hat es in der Industrie, namentlich in der Schweiz und in den angelsächsischen Ländern, große Verbreitung gefunden, da es wesentlich narrensicherer als das VAW-Bad ist und seine Glänzleistung sich auch auf Reflectal 05 und Reflectal 2 erstreckt.

Größere Versuchsreihen ergaben nach 30 min. Glänzdauer (optimaler Glänzeffekt) mit 5 μ GS-Eloxalschicht:

	Gesamt-Reflexion	gerichtete Reflexion
Raffinal	86 - 87 %	83 - 84 %
Reflectal 05	86 - 87 %	83 - 84 %
Reflectal 2	85,5 - 86,5 %	82 - 83 %

Der Abtragungsverlust betrug dabei 10 - 20 μ, war also im Durchschnitt höher als beim alkal. VAW - Bad mit 9 - 10 μ.

Durch Kombination von Interferenzstreifen-Aufnahmen nach TOLANSKY[9] und Messungen der Nahwinkelstreuung auf der opt. Siemensbank[7] konnten die Rauhtiefen der verschiedenen Brytal-geglänzten Probebleche angenähert bestimmt werden. Dabei ergaben sich folgende Werte:

	mittl. Rauhtiefe	max. Rauhtiefe
Raffinal	0,045 μ	0,126 μ
Reflectal 05	0,048 "	0,137 "
Reflectal 2	0,049 "	0,141 "

An den Abbildungen 25 bis 27 läßt sich an den gut parallelen Interferenzstreifen die Qualität des Glättungseffektes erkennen, die durch die mitangeführten Werte der gerichteten Reflexion bestätigt wird.

Da beim Brytal-Verfahren das abgetragene Aluminium sich vorwiegend als Aluminiumphosphat abscheidet, kann das Bad leicht regeneriert werden mit dem billigen, technisch reinen Trinatriumphosphat und Leitungswasser. Auf diese Weise ist die Wirtschaftlichkeit sehr günstig.

In der Industrie findet dieses anodische Glänzverfahren überall da Anwendung, wo höchste Spiegelwerte verlangt werden, z.B. in der Reflektoren-Industrie[4].

Endlich sei noch ein Verfahren erwähnt, das ebenfalls eine gewisse Aufglänzung und Glättung ergibt, das sogenannte <u>WGX-Ablöseverfahren</u> (DBP 850 104).

Bei den Eloxalversuchen mit Oxalsäure, besonders bei der Kombination Wechselstrom/Gleichstrom, wurde festgestellt, daß durch mehrfaches Eloxieren mit diesem Kombinationsstrom und zwischenzeitliches Wiederablösen der Eloxalschicht sich gleichfalls ein Glänzeffekt einstellt, der allerdings nicht die Werte der vorhergenannten anodischen Verfahren in alkalischen Bädern erreicht[13]. Wie Abbildung 28 zeigt, kann man deutlich die zunehmende Einebnung erkennen, wobei die Rillen der mechanischen Politur allmählich verschwinden. Eine über 3 Eloxierungen mit je 15 min. WGX-Strom und 3 Ablösungen hinausgehende Behandlung ist im allgemeinen nicht vorteilhaft, da allmählich das Kristallgefüge sichtbar wird und den Spiegelglanz dämpft. Die Reflexionswerte betrugen nach der dritten Behandlung mit 5 μ GS-Nacheloxierung:

	Gesamtreflexion	gerichtete Reflexion
Raffinal	86,1 %	79,4 %
Reflectal 05	86,2 %	75,6 %
Reflectal 2	84,7 %	62,5 %

Diese Werte liegen wesentlich tiefer als bei den bisher beschriebenen anodischen Glänzverfahren, auch kann diese Methode bei ihrem hohen Strom- und Zeitaufwand nicht als wirtschaftlich angesprochen werden. Dagegen ist es wissenschaftlich interessant, daß auch beim Aufbau und Abbau stärkerer Eloxalschichten (hier 10 μ) eine deutliche Nivellierung festzustellen ist.

Forschungsberichte des Wirtschafts- und Verkehrsministeriums Nordrhein Westfalen

Interferenzstreifen - Aufnahmen

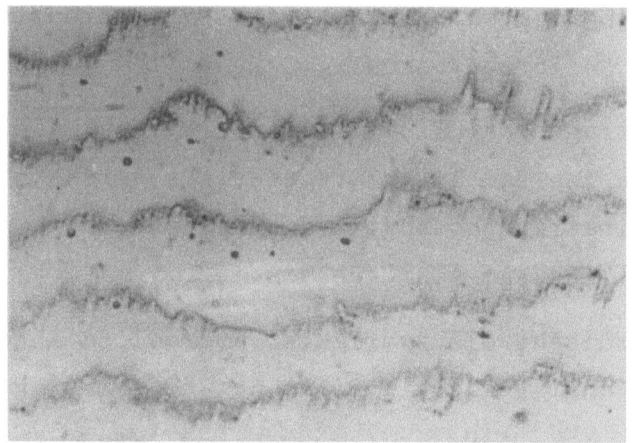

Abbildung 25
Raffinal
Brytal-geglänzt
5 µ GS-Schicht
83,5 % gerichtete Reflexion
86,5 % Gesamt-Reflexion

100 : 1

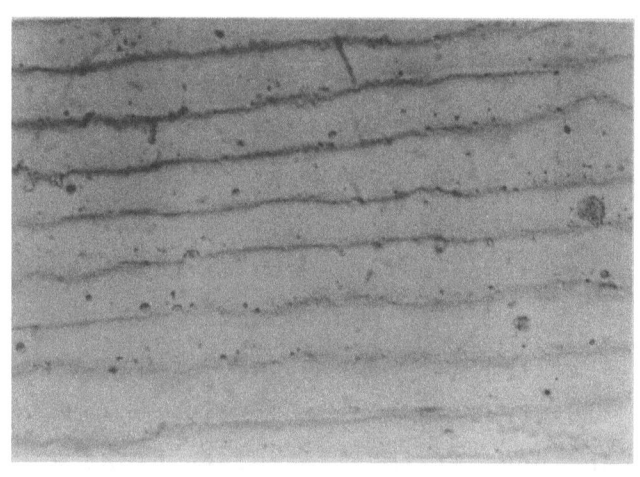

Abbildung 26
Reflectal o5
Brytal-geglänzt
5 µ GS-Schicht
83,5 % gerichtete Reflexion
86,5 % Gesamt-Reflexion

100 : 1

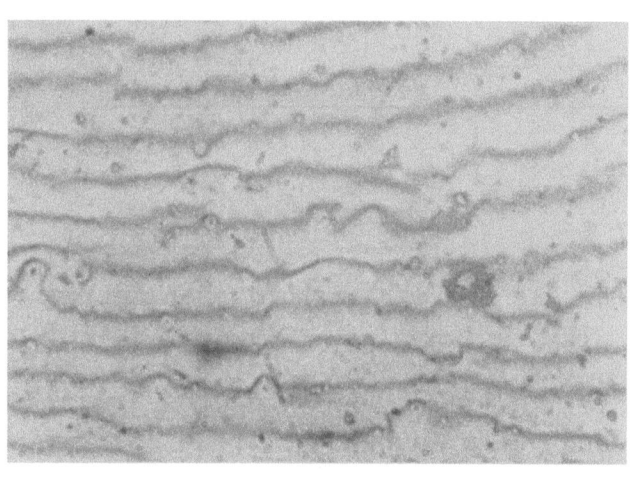

Abbildung 27
Reflectal 2
Brytal-geglänzt
5 µ GS-Schicht
82,8 % gerichtete Reflexion
85,9 % Gesamt-Reflexion

100 : 1

Panphotaufnahmen

mech.pol.   1 x WGX   2 x WGX   3 x WGX

1000 : 1

Abbildung 28
Raffinal-Einebnung beim WGX - Ablöseverfahren

Forschungsberichte des Wirtschafts- und Verkehrsministeriums Nordrhein Westfalen

Weitere Untersuchungen wurden mit dem sogenannten Alzak-Verfahren nach amerikanischen Patenten und dem Alcoa-Verfahren nach britischen Patenten durchgeführt.

Ein teilweise recht guter Glänzeffekt war bei all diesen patentierten Verfahren nachweisbar, doch war überall die Wirtschaftlichkeit dem Brytal-Verfahren unterlegen.

V. Färbung von Eloxalschichten

Zur Prüfung der Wetterfestigkeit und Lichtbeständigkeit von eingefärbten Eloxalschichten wurden mehrere Versuchsreihen angesetzt. Untersucht wurden bevorzugt Goldtönungen, Schwarz- und Chromfärbung.

Vor allem war die Einfärbung auf chromähnliche Töne wichtig für die Verwendung glanzeloxierten Reflectals in der Autobeschlagteilindustrie. Hierfür wurden geeignete Farbrezepte festgelegt.

Die gesamten hier angeführten Untersuchungen wurden im Rahmen der Forschungs- und Entwicklungsarbeiten auf dem Gebiet des Oberflächenschutzes ausgeführt und zwar mit Mitteln aus dem Forschungsfonds des Landeswirtschaftsministeriums, wofür an dieser Stelle nochmals unser Dank ausgesprochen werden soll.

Dr.-Ing. R. LATTEY, Grevenbroich

VI. Literaturverzeichnis

1. MAUKSCH u. BUDILOFF — Aluminium (1937) S. 298/302
2. W. HELLING — Erzmetall Bd. 6 (1953) S. 310/317
3. W. HELLING u. H. NEUNZIG — Metall (1951) Heft 19/20, S. 424/426
4. R. LATTEY — Metall (1953) Heft 15/16, S. 582/586
5. W. HELLING u. H. NEUNZIG — Aluminium (1951) Heft 4, S. 95/97
6. W. HELLING u. H. NEUNZIG — Aluminium (1952) Heft 9, S. 289/295
7. ELZE u. GRÜSS — Metalloberfläche (1952) Heft 2, S. A 17/23
8. K. HUBER — Bern, Chimia, Vol 4 (1950) S. 54/62
9. R. RÜHLE — Techn. Physik, Bd. 24 (1943) S. 221/226
10. H. FISCHER u. L. KOCH — Metall (1952) Heft 17/18, S. 491/496
11. L. KOCH u. S. KESTE — Metall (1953) Heft 15/16, S. 577/581
12. N.D. PULLEN — Inst. of Metals (1936) Vol 3, Part. 8. August
13. R. LATTEY — Metalloberfläche (1952) Heft 3, S. A 42/48

FORSCHUNGSBERICHTE DES WIRTSCHAFTS- UND VERKEHRSMINISTERIUMS NORDRHEIN-WESTFALEN

Herausgegeben von Staatssekretär Prof. Leo Brandt

Heft 1:
Prof. Dr.-Ing. Eugen Flegler, Aachen
Untersuchungen oxydischer Ferromagnet-Werkstoffe

Heft 2:
Prof. Dr. phil. Walter Fuchs, Aachen
Untersuchungen über absatzfreie Teeröle

Heft 3:
Techn.-Wissenschaftl. Büro für die Bastfaserindustrie, Bielefeld
Untersuchungsarbeiten zur Verbesserung des Leinenwebstuhls

Heft 4:
Prof. Dr. E. A. Müller u. Dipl.-Ing. H. Spitzer, Dortmund
Untersuchungen über die Hitzebelastung in Hüttenbetrieben

Heft 5:
Dipl.-Ing. Werner Fister, Aachen
Prüfstand der Turbinenuntersuchungen

Heft 6:
Prof. Dr. phil. Walter Fuchs, Aachen
Untersuchungen über die Zusammensetzung und Verwendbarkeit von Schwelteerfraktionen

Heft 7:
Prof. Dr. phil. Walter Fuchs, Aachen
Untersuchungen über emsländisches Petrolatum

Heft 8:
Maria Elisabeth Meffert und Heinz Stratmann, Essen
Algen-Großkulturen im Sommer 1951

Heft 9:
Techn.-Wissenschaftl. Büro für die Bastfaserindustrie, Bielefeld
Untersuchungen über die zweckmäßige Wicklungsart von Leinengarnkreuzspulen unter Berücksichtigung der Anwendung hoher Geschwindigkeiten des Garnes
Vorversuche für Zetteln und Schären von Leinengarnen auf Hochleistungsmaschinen

Heft 10:
Prof. Dr. Wilhelm Vogel, Köln
„Das Streifenpaar" als neues System zur mechanischen Vergrößerung kleiner Verschiebungen und seine technischen Anwendungsmöglichkeiten

Heft 11:
Laboratorium für Werkzeugmaschinen und Betriebslehre, Technische Hochschule Aachen
1. Untersuchungen über Metallbearbeitung im Fräsvorgang mit Hartmetallwerkzeugen und negativem Spanwinkel
2. Weiterentwicklung des Schleifverfahrens für die Herstellung von Präzisionswerkstücken unter Vermeidung hoher Temperaturen
3. Untersuchung von Oberflächenveredlungsverfahren zur Steigerung der Belastbarkeit hochbeanspruchter Bauteile

Heft 12:
Elektrowärme-Institut, Langenberg (Rhld.)
Induktive Erwärmung mit Netzfrequenz

Heft 13:
Techn.-Wissenschaftl. Büro für die Bastfaserindustrie, Bielefeld
Das Naßspinnen von Bastfasergarnen mit chemischen Zusätzen zum Spinnbad

Heft 14:
Forschungsstelle für Acetylen, Dortmund
Untersuchungen über Aceton als Lösungsmittel für Acetylen

Heft 15:
Wäschereiforschung Krefeld
Trocknen von Wäschestoffen

Heft 16:
Max-Planck-Institut für Kohlenforschung, Mülheim a. d. Ruhr
Arbeiten des MPI für Kohlenforschung

Heft 17:
Ingenieurbüro Herbert Stein, M. Gladbach
Untersuchung der Verzugsvorgänge in den Streckwerken verschiedener Spinnereimaschinen. 1. Bericht: Vergleichende Prüfung mit verschiedenen Dickenmeßgeräten

Heft 18:
Wäschereiforschung Krefeld
Grundlagen zur Erfassung der chemischen Schädigung beim Waschen

Heft 19:
Techn.-Wissenschaftl. Büro für die Bastfaserindustrie, Bielefeld
Die Auswirkung des Schlichtens von Leinengarnketten auf den Verarbeitungswirkungsgrad, sowie die Festigkeits- und Dehnungsverhältnisse der Garne und Gewebe

Heft 20:
Techn.-Wissenschaftl. Büro für die Bastfaserindustrie, Bielefeld
Trocknung von Leinengarnen I
Vorgang und Einwirkung auf die Garnqualität

Heft 21:
Techn.-Wissenschaftl. Büro für die Bastfaserindustrie, Bielefeld
Trocknung von Leinengarnen II
Spulenanordnung und Luftführung beim Trocknen von Kreuzspulen

Heft 22:
Techn.-Wissenschaftl. Büro für die Bastfaserindustrie, Bielefeld
Die Reparaturanfälligkeit von Webstühlen

Heft 23:
Institut für Starkstromtechnik, Aachen
Rechnerische und experimentelle Untersuchungen zur Kenntnis der Metadyne als Umformer von konstanter Spannung auf konstanten Strom

Heft 24:
Institut für Starkstromtechnik, Aachen
Vergleich verschiedener Generator-Metadyne-Schaltungen in bezug auf statisches Verhalten

Heft 25:
Gesellschaft für Kohlentechnik mbH., Dortmund-Eving
Struktur der Steinkohlen und Steinkohlen-Kokse

Heft 26:
Techn.-Wissenschaftl. Büro für die Bastfaserindustrie, Bielefeld
Vergleichende Untersuchungen zweier neuzeitlicher Ungleichmäßigkeitsprüfer für Bänder und Garne hinsichtlich Ihrer Eignung für die Bastfaserspinnerei

Heft 27:
Prof. Dr. E. Schratz, Münster
Untersuchungen zur Rentabilität des Arzneipflanzenanbaues
Römische Kamille, Anthemis nobilis L.

Heft: 28:
Prof. Dr. E. Schratz, Münster
Calendula officinalis L.
Studien zur Ernährung, Blütenfüllung und Rentabilität der Drogengewinnung

Heft 29:
Techn.-Wissenschaftl. Büro für die Bastfaserindustrie, Bielefeld
Die Ausnützung der Leinengarne in Geweben

Heft 30:
Gesellschaft für Kohlentechnik mbH., Dortmund-Eving
Kombinierte Entaschung und Verschwelung von Steinkohle; Aufarbeitung von Steinkohlenschlämmen zu verkokbarer oder verschwelbarer Kohle

Heft 31:
Dipl.-Ing. Störmann, Essen
Messung des Leistungsbedarfs von Doppelsteg-Kettenförderern

Heft 32:
Techn.-Wissenschaftl. Büro für die Bastfaserindustrie, Bielefeld
Der Einfluß der Natriumchloridbleiche auf Qualität und Verwebbarkeit von Leinengarnen und die Eigenschaften der Leinengewebe unter besonderer Berücksichtigung des Einsatzes von Schützen- und Spulenwechselautomaten in der Leinenweberei

Heft 33:
Kohlenstoffbiologische Forschungsstation e. V.
Eine Methode zur Bestimmung von Schwefeldioxyd und Schwefelwasserstoff in Rauchgasen und in der Atmosphäre

Heft 34:
Textilforschungsanstalt Krefeld
Quellungs- und Entquellungsvorgänge bei Faserstoffen

Heft 35:
Professor Dr. Wilhelm Kast, Krefeld
Feinstrukturuntersuchungen an künstlichen Zellulosefasern verschiedener Herstellungsverfahren

Heft 36:
Forschungsinstitut der feuerfesten Industrie, Bonn
Untersuchungen über die Trocknung von Rohton. Untersuchungen über die chemische Reinigung von Silika- und Schamotte-Rohstoffen mit chlorhaltigen Gasen

Heft 37:
Forschungsinstitut der feuerfesten Industrie, Bonn
Untersuchungen über den Einfluß der Probenvorbereitung auf die Kaltdruckfestigkeit feuerfester Steine

Heft 38:
Forschungsstelle für Acetylen, Dortmund
Untersuchungen über die Trocknung von Acetylen zur Herstellung von Dissousgas

Heft 39:
Forschungsgesellschaft Blechverarbeitung e. V., Düsseldorf
Untersuchungen an prägegemusterten und vorgelochten Blechen

Heft 40:
Landesgeologe Dr.-Ing. W. Wolff, Amt für Bodenforschung, Krefeld
Untersuchungen über die Anwendbarkeit geophysikalischer Verfahren zur Untersuchung von Spateisengängen im Siegerland

Heft 41:
Techn.-Wissenschaftl. Büro für die Bastfaserindustrie, Bielefeld
Untersuchungsarbeiten zur Verbesserung des Leinenwebstuhles II

Heft 42:
Professor Dr. Burckhardt Helferich, Bonn
Untersuchungen über Wirkstoffe — Fermente — in der Kartoffel und die Möglichkeit ihrer Verwendung

Heft 43:
Forschungsgesellschaft Blechverarbeitung e. V., Düsseldorf
Forschungsergebnisse über das Beizen von Blechen

Heft 44:
Arbeitsgemeinschaft für praktische Dehnungsmessung, Düsseldorf
Eigenschaften und Anwendungen von Dehnungsmeßstreifen

Heft 45:
Losenhausenwerk Düsseldorfer Maschinenbau AG., Düsseldorf
Untersuchungen von störenden Einflüssen auf die Lastgrenzenanzeige von Dauerschwingprüfmaschinen

Heft 46:
Professor Dr. phil. W. Fuchs, Aachen
Untersuchungen über die Aufbereitung von Wasser für die Dampferzeugung in Benson-Kesseln

Heft 47:
Prof. Dr.-Ing. habil. Karl Krekeler, Aachen
Versuche über die Anwendung der induktiven Erwärmung zum Sintern von hochschmelzenden Metallen sowie zur Anlegierung und Vergütung von aufgespritzten Metallschichten mit dem Grundwerkstoff.

Heft 48:
Max-Planck-Institut für Eisenforschung, Düsseldorf
Spektrochemische Analyse der Gefügebestandteile in Stählen nach ihrer Isolierung

Heft 49:
Max-Planck-Institut für Eisenforschung, Düsseldorf
Untersuchungen über Ablauf der Desoxydation und die Bildung von Einschlüssen in Stählen

Heft 50:
Max-Planck-Institut für Eisenforschung, Düsseldorf
Flammenspektralanalytische Untersuchung der Ferritzusammensetzung in Stählen

Heft 51:
Verein zur Förderung von Forschungs- und Entwicklungsarbeiten in der Werkzeugindustrie e. V., Remscheid
Untersuchungen an Kreissägeblättern für Holz, Fehler- und Spannungsprüfverfahren

Heft 52:
Forschungsstelle für Azetylen, Dortmund
Untersuchungen über den Umsatz bei der explosiblen Zersetzung von Azetylen
   a) Zersetzung von gasförmigem Azetylen,
   b) Zersetzung von an Silikagel adsorbiertem Azetylen

Heft 53:
Professor Dr.-Ing. H. Opitz, Aachen
Reibwert- und Verschleißmessungen an Kunststoffgleitführungen für Werkzeugmaschinen

Heft 54:
Professor Dr.-Ing. habil. F. A. F. Schmidt, Aachen
Schaffung von Grundlagen für die Erhöhung der spez. Leistung und Herabsetzung des spez. Brennstoffverbrauches bei Ottomotoren mit Teilbericht über Arbeiten an einem neuen Einspritzverfahren

Heft 55:
Forschungsgesellschaft Blechverarbeitung, Düsseldorf
Chemisches Glänzen von Messing und Neusilber

Heft 56:
Forschungsgesellschaft Blechverarbeitung, Düsseldorf
Untersuchungen über einige Probleme der Behandlung von Blechoberflächen

Heft 57:
Prof. Dr.-Ing. habil. F. A. F. Schmidt, Aachen
Untersuchungen zur Erforschung des Einflusses des chemischen Aufbaues des Kraftstoffes auf sein Verhalten im Motor und in Brennkammern von Gasturbinen.

Heft 58:
Gesellschaft für Kohlentechnik m. b. H., Dortmund
Herstellung und Untersuchung von Steinkohlenschwelteer.

Heft 59:
Forschungsinstitut der Feuerfest-Industrie, Bonn
Ein Schnellanalysenverfahren zur Bestimmung von Aluminiumoxyd, Eisenoxyd und Titanoxyd in feuerfestem Material mittels organischer Farbreagenzien auf photometrischem Wege
Untersuchungen des Alkali-Gehaltes feuerfester Stoffe mit dem Flammenphotometer nach Riehm-Lange

Heft 60:
Forschungsgesellschaft Blechverarbeitung e. V., Düsseldorf
Untersuchungen über das Spritzlackieren im elektrostatischen Hochspannungsfeld

Heft 61:
Verein zur Förderung von Forschungs- und Entwicklungsarbeiten in der Werkzeugindustrie e. V., Remscheid
Schwingungs- und Arbeitsverhalten von Kreissägeblättern für Holz

Heft 62:
Professor Dr. W. Franz, Institut für theoretische Physik der Universität Münster
Berechnung des elektrischen Durchschlags durch feste und flüssige Isolatoren

Heft 63:
Textilforschungsanstalt Krefeld
Neue Methoden zur Untersuchung der Wirkungsweise von Textilhilfsmitteln
Untersuchungen über Schlichtungs- und Entschlichtungsvorgänge

Heft 64:
Textilforschungsanstalt Krefeld
Die Kettenlängenverteilung von hochpolymeren Faserstoffen
Über die fraktionierte Fällung von Polyamiden

Heft 65:
Fachverband Schneidwarenindustrie, Solingen
Untersuchungen über das elektrolytische Polieren von Tafelmesserklingen aus rostfreiem Stahl

Heft 66:
Dr.-Ing. Peter Füsgen VDI †, Düsseldorf
Untersuchungen über das Auftreten des Ratterns bei selbsthemmenden Schneckengetrieben und seine Verhütung

Heft 67:
Heinrich Wösthoff o. H. G., Apparatebau, Bochum
Entwicklung einer chemisch-physikalischen Apparatur zur Bestimmung kleinster Kohlenoxyd-Konzentrationen

Heft 68:
Kohlenstoffbiologische Forschungsstation e. V., Essen
Algengroßkulturen im Sommer 1952
II. Über die unsterile Großkultur von Scenedesmus obliquus

Heft 69:
Wäschereiforschung Krefeld
Bestimmung des Faserabbaues bei Leinen unter besonderer Berücksichtigung der Leinengarnbleiche

Heft 70:
Wäschereiforschung Krefeld
Trocknen von Wäschestoffen

Heft 71:
Prof. Dr.-Ing. K. Leist, Aachen
Kleingasturbinen, insbesondere zum Fahrzeugantrieb

Heft 72:
Prof. Dr.-Ing. K. Leist, Aachen
Beitrag zur Untersuchung von stehenden geraden Turbinengittern mit Hilfe von Druckverteilungsmessungen

Heft 73:
Prof. Dr.-Ing. K. Leist, Aachen
Spannungsoptische Untersuchungen von Turbinenschaufelfüßen

Heft 74:
Max-Planck-Institut für Eisenforschung, Düsseldorf
Versuche zur Klärung des Umwandlungsverhaltens eines sonderkarbidbildenden Chromstahls

Heft 75:
Max-Planck-Institut für Eisenforschung, Düsseldorf
Zeit-Temperatur-Umwandlungs-Schaubilder als Grundlage der Wärmebehandlung der Stähle

Heft 76:
Max-Planck-Institut für Arbeitsphysiologie, Dortmund
Arbeitstechnische und arbeitsphysiologische Rationalisierung von Mauersteinen

Heft 77:
Meteor Apparatebau Paul Schmeck G. m. b. H., Siegen
Entwicklung von Leuchtstoffröhren hoher Leistung

Heft 78:
Forschungsstelle für Acetylen, Dortmund
Über die Zustandsgleichung des gasförmigen Acetylens und das Gleichgewicht Acetylen — Aceton

Heft 79:
Techn.-Wissenschaftl. Büro für die Bastfaserindustrie, Bielefeld
Trocknung von Leinengarnen III
Spinnspulen- und Spinnkopstrocknung
Vorgang und Einwirkung auf die Garnqualität

Heft 80:
Techn.-Wissenschaftl. Büro für die Bastfaserindustrie, Bielefeld
Die Verarbeitung von Leinengarn auf Webstühlen mit und ohne Oberbau

Heft 81:
Prüf- und Forschungsinstitut für Ziegeleierzeugnisse, Essen-Kray
Die Einführung des großformatigen Einheits-Gitterziegels im Lande Nordrhein-Westfalen

Heft 82:
Vereinigte Aluminium-Werke AG., Bonn
Forschungsarbeiten auf dem Gebiet der Veredelung von Aluminium-Oberflächen

Heft 83:
Prof. Dr. S. Strugger, Münster
Über die Struktur der Proplastiden

Heft 84:
Dr. med. habil., Dr. phil. H. Baron, Düsseldorf
Über Standardisierung von Wundtextilien

Heft 85:
Textilforschungsanstalt Krefeld
Physikalische Untersuchungen an Fasern, Fäden, Garnen und Geweben:
Untersuchungen am Knickscheuergerät nach Weltzien

Heft 86:
Professor Dr.-Ing. H. Opitz, Aachen
Untersuchungen über das Fräsen von Baustahl sowie über den Einfluß des Gefüges auf die Zerspanbarkeit

Heft 87:
Gemeinschaftsausschuß Verzinken, Düsseldorf
Untersuchungen über Güte von Verzinkungen

Heft 88:
Gesellschaft für Kohlentechnik mbH., Dortmund-Eving
Oxydation von Steinkohle mit Salpetersäure

Heft 89:
Verein Deutscher Ingenieure, Gleitlagerforschung, Düsseldorf und Prof. Dr.-Ing. G. Vogelpohl, Göttingen
Versuche mit Preßstoff-Lagern für Walzwerke

Heft 90:
Forschungs-Institut der Feuerfest-Industrie, Bonn
Das Verhalten von Silikasteinen im Siemens-Martin-Ofengewölbe

Heft 91:
Forschungs-Institut der Feuerfest-Industrie, Bonn
Untersuchungen des Zusammenhangs zwischen Leistung und Kohlenverbrauch von Kammeröfen zum Brennen von feuerfesten Materialien

Heft 92:
Techn.-Wissenschaftl. Büro für die Bastfaserindustrie, Bielefeld und Laboratorium für textile Meßtechnik, M.-Gladbach
Messungen von Vorgängen am Webstuhl

Heft 93:
Prof. Dr. W. Kast, Krefeld
Spinnversuche zur Strukturerfassung künstlicher Zellulosefasern

Heft 94:
Prof. Dr. phil. habil. G. Winter, Bonn
Die Heilpflanzen des MATTHIOLUS (1611) gegen Infektionen der Harnwege und Verunreinigung der Wunden bzw. zur Förderung der Wundheilung im Lichte der Antibiotikaforschung

Heft 95:
Prof. Dr. phil. habil. G. Winter, Bonn
Untersuchungen über die flüchtigen Antibiotika aus der Kapuziner- (Tropaeolum maius) und Gartenkresse (Lepidium sativum) und ihr Verhalten im menschlichen Körper bei Aufnahme von Kapuziner- bzw. Gartenkressensalat per os

Heft 96:
Dr.-Ing. P. Koch, Dortmund
Austritt von Exoelektronen aus Metalloberflächen unter Berücksichtigung der Verwendung des Effektes für die Materialprüfung

Heft 97:
Ing. H. Stein, M.-Gladbach
Laboratorium für textile Meßtechnik
Untersuchung der Verzugsvorgänge an den Streckwerken verschiedener Spinnereimaschinen
2. Bericht: Ermittlung der Haft-Gleiteigenschaften von Faserbändern und Vorgarnen

Heft 98:
Fachverband Gesenkschmieden, Hagen
Die Arbeitsgenauigkeit beim Gesenkschmieden unter Hämmern

Heft 99:
Prof. Dr.-Ing. G. Garbotz, Aachen
Der Kraft- und Arbeitsaufwand sowie die Leistungen beim Biegen von Bewehrungsstählen in Abhängigkeit von den Abmessungen, den Formen und der Güte der Stähle (Ermittlung von Leistungsrichtlinien)

Heft 100:
Prof. Dr.-Ing. H. Opitz, Aachen
Untersuchungen von elektrischen Antrieben, Steuerungen und Regelungen an Werkzeugmaschinen

VERÖFFENTLICHUNGEN DER ARBEITSGEMEINSCHAFT FÜR FORSCHUNG DES LANDES NORDRHEIN-WESTFALEN

Im Auftrage des Ministerpräsidenten Karl Arnold

Herausgegeben von Staatssekretär Prof. Leo Brandt

Heft 1:
Prof. Dr.-Ing. Friedrich Seewald, Technische Hochschule Aachen
Neue Entwicklungen auf dem Gebiete der Antriebsmaschinen
Prof. Dr.-Ing. Friedrich A. F. Schmidt, Technische Hochschule Aachen
Technischer Stand und Zukunftsaussichten der Verbrennungsmaschinen, insbesondere der Gasturbinen
Dr.-Ing. R. Friedrich, Siemens-Schuckert-Werke A.-G., Mülheimer Werk
Möglichkeiten und Voraussetzungen der industriellen Verwertung der Gasturbine

Heft 2:
Prof. Dr.-Ing. Wolfgang Riezler, Universität Bonn
Probleme der Kernphysik
Prof. Dr. phil. Fritz Micheel, Universität Münster,
Isotope als Forschungsmittel in der Chemie und Biochemie

Heft 3:
Prof. Dr. med. Emil Lehnartz, Universität Münster
Der Chemismus der Muskelmaschine
Prof. Dr. med. Gunther Lehmann, Direktor des Max-Planck-Instituts für Arbeitsphysiologie, Dortmund
Physiologische Forschung als Voraussetzung der Bestgestaltung der menschlichen Arbeit
Prof. Dr. Heinrich Kraut, Max-Planck-Institut für Arbeitsphysiologie, Dortmund
Ernährung und Leistungsfähigkeit

Heft 4:
Prof. Dr. Franz Wever, Max-Planck-Institut für Eisenforschung, Düsseldorf
Aufgaben der Eisenforschung
Prof. Dr.-Ing. Hermann Schenck, Technische Hochschule Aachen
Entwicklungslinien des deutschen Eisenhüttenwesens
Prof. Dr.-Ing. Max Haas, Techn. Hochschule Aachen
Wirtschaftliche und technische Bedeutung der Leichtmetalle und ihre Entwicklungsmöglichkeiten

Heft 5:
Prof. Dr. med. Walter Kikuth, Medizinische Akademie Düsseldorf
Virusforschung
Prof. Dr. Rolf Danneel, Universität Bonn
Fortschritte der Krebsforschung
Prof. Dr. med. Dr. phil. W. Schulemann, Univ. Bonn
Wirtschaftliche und organisatorische Gesichtspunkte für die Verbesserung unserer Hochschulforschung

Heft 6:
Prof. Dr. Walter Weizel, Institut für theoretische Physik, Bonn
Die gegenwärtige Situation der Grundlagenforschung in der Physik
Prof. Dr. Siegfried Strugger, Universität Münster
Das Duplikantenproblem in der Biologie
Prof. Dr. Rolf Danneel, Universität Bonn
Über das Verhalten der Mitochondrien bei der Mitose der Mesenchymzellen des Hühner-Embryos
Direktor Dr. Fritz Gummert, Ruhrgas A.-G., Essen
Überlegungen zu den Faktoren Raum und Zeit im biologischen Geschehen und Möglichkeiten einer Nutzanwendung

Heft 7:

Prof. Dr.-Ing. August Götte, Technische Hochschule Aachen
Steinkohle als Rohstoff und Energiequelle

Prof. Dr. e. h. Karl Ziegler, Max-Planck-Institut für Kohlenforschung Mülheim a. d. Ruhr
Über Arbeiten des Max-Planck-Instituts für Kohlenforschung

Heft 8:

Prof. Dr.-Ing. Wilhelm Fucks, Technische Hochschule Aachen
Die Naturwissenschaft, die Technik und der Mensch

Prof. Dr. sc. pol. Walther Hoffmann, Universität Münster
Wirtschaftliche und soziologische Probleme des technischen Fortschritts

Heft 9:

Prof. Dr.-Ing. Franz Bollenrath, Technische Hochschule Aachen
Zur Entwicklung warmfester Werkstoffe

Dr. Heinrich Kaiser, Staatl. Materialprüfungsamt Dortmund
Stand spektralanalytischer Prüfverfahren und Folgerung für deutsche Verhältnisse

Heft 10:

Prof. Dr. Hans Braun, Universität Bonn
Möglichkeiten und Grenzen der Resistenzzüchtung

Prof. Dr.-Ing. Carl Heinrich Dencker, Universität Bonn
Der Weg der Landwirtschaft von der Energieautarkie zur Fremdenergie

Heft 11:

Prof. Dr.-Ing. Herwart Opitz, Technische Hochschule Aachen
Entwicklungslinien der Fertigungstechnik in der Metallbearbeitung

Prof. Dr.-Ing. Karl Krekeler, Technische Hochschule Aachen
Stand und Aussichten der schweißtechnischen Fertigungsverfahren

Heft: 12

Dr. Hermann Rathert, Mitglied des Vorstandes der Vereinigten Glanzstoff-Fabriken A.-G., Wuppertal-Elberfeld
Entwicklung auf dem Gebiet der Chemiefaser-Herstellung

Prof. Dr. Wilhelm Weltzien, Direktor der Textilforschungsanstalt Krefeld
Rohstoff und Veredlung in der Textilwirtschaft

Heft: 13

Dr.-Ing. e. h. Karl Herz, Chefingenieur im Bundesministerium für das Post- und Fernmeldewesen Frankfurt a. Main
Die technischen Entwicklungstendenzen im elektrischen Nachrichtenwesen

Ministerialdirektor Dipl.-Ing. Leo Brandt, Düsseldorf
Navigation und Luftsicherung

Heft 14:

Prof. Dr. Burckhardt Helferich, Universität Bonn
Stand der Enzymchemie und ihre Bedeutung

Prof. Dr. med. Hugo W. Knipping, Direktor der Med. Universitätsklinik Köln
Ausschnitt aus der klinischen Carcinomforschung am Beispiel des Lungenkrebses

Heft 15:

Prof. Dr. Abraham Esau, Technische Hochschule Aachen
Die Bedeutung von Wellenimpulsverfahren in Technik und Natur

Prof. Dr.-Ing. Eugen Flegler, Technische Hochschule Aachen
Die ferromagnetischen Werkstoffe in der Elektrotechnik und ihre neueste Entwicklung

Heft 16:

Prof. Dr. rer. pol. Rudolf Seyffert, Universität Köln
Die Problematik der Distribution

Prof. Dr. rer. pol. Theodor Beste, Universität Köln
Der Leistungslohn

Heft 17:

Prof. Dr.-Ing. Friedrich Seewald, Technische Hochschule Aachen
Die Flugtechnik und ihre Bedeutung für den allgemeinen technischen Fortschritt

Prof. Dr.-Ing. Edouard Houdremont, Essen
Art und Organisation der Forschung in einem Industriekonzern

Heft 18:
Prof. Dr. med. Dr. phil. W. Schulemann, Universität Bonn
Theorie und Praxis pharmakologischer Forschung
Prof. Dr. Wilhelm Groth, Direktor des Physikalisch-Chemischen Instituts, Universität Bonn
Technische Verfahren zur Isotopentrennung

Heft 19:
Dipl.-Ing. Kurt Traenckner, Stellvertr. Vorstandsmitglied der Ruhrgas-A.G., Essen
Entwicklungstendenzen der Gaserzeugung

Heft 20:
M. Zvegintzov
Wissenschaftliche Forschung und die Auswertung ihrer Ergebnisse. Ziel und Tätigkeit der National Research Development Corporation
Dr. Alexander King, Department of Scientific & Industrial Research, London
Wissenschaft und internationale Beziehungen

Heft 21:
Prof. Dr. phil. Robert Schwarz, Aachen
Wesen und Bedeutung der Silicium-Chemie
Prof. Dr. Kurt Alder, Universität Köln
Fortschritte in der Synthese von Kohlenstoffverbindungen

Heft 21 a
Jahresfeier der Arbeitsgemeinschaft für Forschung des Landes Nordrhein-Westfalen am 21. 5. 1952 in Düsseldorf mit Ansprachen des Herrn Bundespräsidenten Professor Dr. Theodor Heuss, des Herrn Ministerpräsidenten Arnold, Frau Kultusminister Teusch, der Herren Professor Dr. Hahn, Professor Dr. Strugger, Vizepräsident Dobbert, Professor Dr. Richter, Professor Dr. Fucks.

Heft 22:
Prof. Dr. Johannes von Allesch, Universität Göttingen
Die Bedeutung der Psychologie im öffentlichen Leben
Prof. Dr. med. Otto Graf, Max-Planck-Institut für Arbeitsphysiologie, Dortmund
Triebfedern menschlicher Leistung

Heft 23:
Prof. Dr. phil. Dr. jur. h. c. Bruno Kuske, Universität Köln
Probleme der Raumforschung
Prof. Dr. Dr.-Ing. e. h. Prager
Städtebau und Landesplanung

Heft 24:
Prof. Dr. Rolf Danneel, Universität Bonn
Über die Wirkungsweise der Erbfaktoren
Prof. Dr. K. Herzog, Medizinische Akademie Düsseldorf
Bewegungsbedarf der menschlichen Gliedmaßengelenke bei der Berufsarbeit

Heft 25:
Prof. Dr. O. Haxel, Heidelberg
Energiegewinnung aus Kernprozessen
Dr. Dr. Max Wolf, Düsseldorf
Gegenwartsprobleme der energiewirtschaftlichen Forschung

Heft 26:
Prof. Dr. Friedrich Becker, Universität Bonn
Ultrakurzwellen aus dem Weltraum, ein neues Forschungsgebiet der Astronomie
Dozent Dr. H. Straßl, Bonn
Bemerkenswerte Doppelsterne und das Problem der Sternentwicklung

Heft 27:
Prof. Dr. Heinrich Behnke, Universität Münster
Der Strukturwandel der Mathematik in der ersten Hälfte des 20. Jahrhunderts
Prof. Dr. E. Sperner, Bonn
Eine mathematische Analyse der Luftdruckverteilungen in großen Gebieten

Heft 28:
Prof. Dr. O. Niemczyk, Aachen
Die Problematik gebirgsmechanischer Vorgänge im Steinkohlenbergbau
Prof. Dr. W. Ahrens, Krefeld
Die Bedeutung geologischer Forschung für die Wirtschaft, besonders in Nordrhein-Westfalen

Heft 29:
Prof. Dr. B. Rensch, Münster
Das Problem der Residuen bei Lernleistungen
Prof. Dr. H. Fink, Köln
Über Leberschäden bei der Bestimmung des biologischen Wertes verschiedener Eiweiße von Mikroorganismen

Heft 30:
Prof. Dr.-Ing. F. Seewald, Aachen
Forschungen auf dem Gebiete der Aerodynamik
Prof. Dr.-Ing. K. Leist, Aachen
Forschungen in der Gasturbinentechnik

Heft 31:
Direktor Dr. F. Mietzsch, Wuppertal
Chemie und wirtschaftliche Bedeutung der Sulfonamide
Prof. Dr. G. Domagk, Wuppertal
Die experimentellen Grundlagen der Chemotherapie der bakteriellen Infektionen

Heft 32:
Prof. Dr. Hans Braun, Universität Bonn
Die Verschleppung von Pflanzenkrankheiten und -schädlingen über die Welt
Prof. Dr. Wilhelm Rudorf, Max-Planck-Institut für Züchtungsforschung, Voldagsen
Der Beitrag von Genetik und Züchtung zur Bekämpfung von Viruskrankheiten der Nutzpflanzen

Heft 33:
Prof. Dr.-Ing. V. Aschoff, Aachen
Probleme der elektroakustischen Einkanalübertragung
Prof. Dr.-Ing. H. Döring, Aachen
Erzeugung und Verstärkung von Mikrowellen

Heft 34:
Geheimrat Prof. Dr. Rudolf Schenck, Aachen
Bedingungen und Gang der Kohlenhydratsynthese im Licht
Prof. Dr. Emil Lehnartz, Universität Münster
Die Endstufen des Stoffabbaus im Organismus

Heft 35:
Prof. Dr.-Ing. H. Schenk, Aachen
Gegenwartsprobleme der Eisenindustrie in Deutschland
Prof. Dr.-Ing. E. Piwowarsky, Aachen
Gelöste und ungelöste Probleme des Gießereiwesens

Heft 36:
Prof. Dr. W. Riezler, Bonn
Teilchenbeschleuniger
Prof. Dr. med. G. Schubert, Hamburg
Anwendung neuer Strahlenquellen in der Krebstherapie

Heft 37:
Prof. Dr. F. Lotze, Münster
Probleme der Gebirgsbildung
Bergwerksdirektor Bergassessor a. D. Rauschenbach, Essen
Die Erhaltung der Förderungskapazität des Ruhrbergbaues auf lange Sicht

Heft 38:
Dr. E. C. Cherry, D. Sc., A.M.I.E.E., London
Cybernetics
Prof. Dr. E. Pietsch, Clausthal-Zellerfeld
Dokumentation und mechanisches Gedächtnis — zur Frage der Ökonomie der geistigen Arbeit

Heft 39:
Dr. H. Haase, Hamburg
Infrarot und seine technischen Anwendungen
Prof. Dr. A. Esau, Aachen
Die Bedeutung des Ultraschalls für technische Anwendungsgebiete

Heft 40:
Bergassessor F. Lange, Bochum-Hordel
Die wissenschaftliche und soziale Bedeutung der Silikose im Bergbau
Prof. Dr. W. Kikuth, Düsseldorf
Die Entstehung der Silikose und ihre Verbreitungsmaßnahmen

Heft 40a:
Prof. Dr. E. Groß, Bonn
Berufskrebs und Krebsforschung
Prof. Dr. H. W. Knipping, Köln
Die Situation der Krebsforschung vom Standpunkt der Klinik und des praktischen Arztes

Geisteswissenschaften

Heft 1:
Prof. Dr. W. Richter, Bonn
Die Bedeutung der Geisteswissenschaften für die Bildung unserer Zeit
Prof. Dr. J. Ritter, Münster
Die aristotelische Lehre vom Ursprung und Sinn der Theorie

Heft 2:
Prof. Dr. J. Kroll, Köln
Elysium
Prof. Dr. G. Jachmann, Köln,
Die vierte Ekloge Vergils

Heft 3:
Prof. Dr. H. E. Stier, Münster
Die klassische Demokratie

Heft 4:
Prof. Dr. W. Caskel, Köln
Lihjan und Lihjanisch. Sprache und Kultur eines früharabischen Königreiches

Heft 5:
Prof. Dr. Th. Ohm, Münster
Stammesreligionen im südlichen Tanganyika-Territorium. — Religionswissenschaftliche Ergebnisse meiner Ostafrikareise 1951

Heft 6:
Prälat Prof. Dr. G. Schreiber, Münster
Deutsche Wissenschaftspolitik von Bismarck bis zum Atomphysiker Otto Hahn

Heft 7:
Prof. Dr. W. Holtzmann, Bonn
Das mittelalterliche Imperium und die werdenden Nationen

Heft 8:
Prof. Dr. W. Caskel, Köln
Die Bedeutung der Beduinen in der Geschichte der Araber

Heft 9:
Prälat Prof. Dr. G. Schreiber, Münster
Iroschottische und angelsächsische Kultureinflüsse im Mittelalter

Heft 10:
Prof. Dr. P. Rassow, Köln
Forschungen zur Reichsidee im 16. und 17. Jahrhundert

Heft 11:
Prof. Dr. H. E. Stier, Münster
Roms Aufstieg zur Weltherrschaft

Heft 12:
Prof. Dr. D. K. H. Rengstorf, Münster
Zum Problem der Gleichberechtigung zwischen Mann und Frau auf dem Boden des Urchristentums
Prof. Dr. H. Conrad, Bonn,
Grundprobleme einer Reform des Familienrechts

Heft 13:
Professor Dr. Max Braubach, Bonn,
Der Weg zum 20. Juli 1944 — Ein Forschungsbericht

Heft 14:
Prof. Dr. Paul Hübinger, Münster
Das deutsch-französische Verhältnis und seine mittelalterlichen Grundlagen

Heft 15:
Prof. Dr. Franz Steinbach, Bonn
Der geschichtliche Weg des wirtschaftenden Menschen in die soziale Freiheit und politische Verantwortung

Heft 16:
Prof. Dr. Josef Koch, Köln
Die Ars coniecturalis des Nikolaus von Cues

Heft 17:
Dr. James B. Conant,
U.S.-Hochkommissar für Deutschland
Staatsbürger und Wissenschaftler
Prof. Dr. D. Karl Heinrich Rengstorf, Münster
Antike und Christentum

Heft 18:
Prof. Dr. Richard Alewyn, Köln
Klopstocks Publikum

Heft 19:
Prof. Dr. Fritz Schalk, Köln
Das Lächerliche in der französischen Literatur des Ancien Regime

Heft 20:
Prof. Dr. Ludwig Raiser, Bad Godesberg
Präsident der Deutschen Forschungsgemeinschaft
Rechtsfragen der Mitbestimmung

Heft 21:
Prof. D. Martin Noth, Bonn
Das Geschichtsverständnis der alttestamentlichen Apokalyptik

Heft 22:
Prof. Dr. Walter F. Schirmer, Bonn
Glück und Ende der Könige in Shakespeares Historien

Heft 23:
Prof. Dr. Günther Jachmann, Köln
Der homerische Schiffskatalog und die Ilias

Heft 24:
Prof. Dr. Theodor Klauser, Bonn
Die römischen Petrustraditionen im Lichte der neuen Ausgrabungen unter der Peterskirche

Heft 25:
Prof. Dr. Hans Peters, Köln
Der Grundsatz der Gewaltentrennung in heutiger Sicht

If you have any concerns about our products,
you can contact us on
ProductSafety@springernature.com

In case Publisher is established outside the EU,
the EU authorized representative is:
Springer Nature Customer Service Center GmbH
Europaplatz 3, 69115 Heidelberg, Germany

Printed by Libri Plureos GmbH
in Hamburg, Germany